INVENTAIRE
V 13041

R. CHASSAING 1973

MATÉRIAUX

POUR SERVIR À LA RECONSTRUCTION

DU CALENDRIER DES ANCIENS ÉGYPTIENS

PAR

HENRI BRUGSCH

PARTIE THÉORIQUE

ACCOMPAGNÉE DE TREIZE PLANCHES LITHOGRAPHIÉES

LEIPZIG 1864
LIBRAIRIE J. C. HINRICHS
PARIS LIBRAIRIE A. FRANCK ALB. L. HEROLD SUCCESSEUR

À

MONSIEUR

RICHARD LEPSIUS

L'AUTEUR

MATÉRIAUX POUR SERVIR À LA RECONSTRUCTION DU CALENDRIER DES ANCIENS ÉGYPTIENS.

                                                                                   Pages

§ 1. CALENDRIER COPTE 1
    1. Calendrier copte adopté par les Égyptiens mahométans. — 2. L'année copte se compose de douze mois, chacun de 30 jours, et de 5 ou 6 jours complémentaires. — 3. Noms des mois coptes en écriture arabe. — 4. Leurs noms en écriture copte.

§ 2. ÈRE COPTE 2
    L'ère de Dioclétien ou l'ère des martyrs. — Commence le 29 Août 284 après J.-C.

§ 3. JOURS DES FÊTES RELIGIEUSES DU CALENDRIER COPTE 3
    1. Jours sacrés et profanes. — 2. Les grandes et les petites fêtes de l'église copte — fête du baptême — visité aux tombeaux.

§ 4. JOURS DES FÊTES PROFANES DU CALENDRIER COPTE 4
    1. Jours du Nil — „la nuit de la goutte" le 11 Baûneh = 5 Juin. — 2. „Le mariage du Nil" le 18 Misra = 11 Août, percement de la grande digue. — 3. Jour de l'exaltation de la Croix le 17 Tût = 14 Septembre. — 4. Récit de Vansleb (1672—1673) au sujet de ces jours. — 5. Dates se rapportant au Nil et tirées d'un almanach égyptien de l'an 1837/38.

§ 5. CALENDRIER ALEXANDRIN 7
    1. Son origine, — commence le 29 (30) Août, — est une année fixe. — 2. Ordre et noms des mois. — 3. L'ère alex. commence le 30 Août de l'an 30 avant J.-C.

§ 6. JOURS DE FÊTES DU CALENDRIER ALEXANDRIN 7
    1. Leurs noms et leur ordre.

§ 7. REMARQUES AU SUJET DES FÊTES CI-DESSUS NOMMÉES . . . 9
    1. Elles se rapportent à des phénomènes de la nature. — 2. Tableau synoptique des fêtes principales. — 3. Rapport des jours du Nil dans les calendriers alex. et coptes — „la chute de la goutte" et „les larmes d'Isis." — 4. Hauteur du Nil au mois de Mesori. — La fête appelée ὑδρευσις le 11 Tybi = 6 Janvier (comp. § 3, 2 la fête du baptême).

§ 8. DU NIL 12
    1. La crue du Nil de nos jours — jour de *Salîb*. — 2. Récit d'Hérodote sur la crue du Nil. — Elle commence vers le solstice d'été — les mois de l'hiver en Égypte. — 3. Rapport de Pline sur la crue. — 4. Les signes zodiacaux et les mois alexandrins — signe du Lion. — 5. Influence de la nouvelle lune, vers le solstice d'été, sur la crue — relations d'anciens auteurs sur ce phénomène.

§ 9. DU NILOMÈTRE SYMBOLE DU NIL 15
1. Fête des Νειλῶα. — 2. Symbole du commencement de la crue — 'sa description d'après Palladius — son transport au temple de Sérapis d'après Ruffin. — 3. C'était un nilomètre appelé simplement πῆχυς „la coudée", sur les monuments, il se présente sous la forme 𓉶 — ce signe porte le nom *dudu*, ses dérivés coptes — c'est le dieu Osiris-Sérapis. — 4. Extrait d'un passage du rituel funéraire sur le nilomètre. — 5. Transport de ce symbole à l'église chrétienne — nous manquons de renseignements sur l'époque de cette procession.

§ 10. LE CALENDRIER ET L'ANNÉE ANTIQUE DES ÉGYPTIENS 17
1. Mention d'un calendrier antique dans les inscriptions grecques trouvées en Égypte. — 2. Date tirée d'une inscription à Guertassi et passage d'un papyrus astrologique à Paris. — [Note: erreurs de Mr. Franz dans la réduction de ces dates.] — 3. L'année „selon les anciens." — 4. Relation d'Hérodote sur la division de l'année chez les Égyptiens. — 5. Contre-sens que renferme la remarque de cet auteur sur les 365 jours de l'année ég. — 6. Les recherches scientifiques n'ont fait connaître jusqu'à présent aucune date d'après l'année fixe sur les monuments. — 7. Les trois commencements de l'an dans le calendrier d'Esneh — le nouvel an le 1ᵉʳ Thoth — le nouvel an des anciens le 9 Thoth. — 8. Examen du groupe hiéroglyphique et de ses variantes servant à désigner „les anciens, les ancêtres" — passages du décret de Rosette et de l'obélisque Barberini — citation d'une légende à Philae. — 9. Étude du caractère 𓎟. — 10. Mention de l'année „des anciens" dans un passage du Commentaire aux Phaenomena d'Arate. — 11. Troisième nouvel an le 26 Payni. — 12. Mr. Lepsius met la rédaction du calendrier d'Esneh dans le temps de l'empereur Claude. — 13. Mention de deux années dans les listes de fêtes funéraires datant de l'ancien empire — position variable des deux années dans la série des autres fêtes — quatre tableaux des fêtes funéraires du calendrier sacré des anciens Égyptiens, dressés sur les indications monumentales. 14. Différence entre la fête de 𓊗 et de 𓊘 — sens que Mr. Lepsius y suppose — titre de la déesse Sothis — opinion de M. de Rougé sur la différence marquée. — 15. Examen du caractère 𓊗 — il paraît signifier p r e m i e r, et non le commencement [comparez cependant les deux exemples cités § 11, 46] — preuves monumentales — il est remplacé quelquefois par le groupe 𓁶 mis après le signe pour an —

[Nous ne voulons pas passer sous silence que, d'après notre savoir, le groupe 𓁶𓊗 que Mr. de Rougé cite comme variante de 𓊗 (voy. son travail „Sur quelques phénomènes célestes" pag. 20, la note) ne paraît par avoir de droit à la comparaison que le savant académicien lui suppose. Du moins je ne connais pas de texte où 𓁶𓊗 = 𓊗. La tête placée avant un substantif désigne la tête ou le commencement de quelque chose, la tête placée après un substantif devient un adjectif, portant les marques du genre et du nombre. 𓁶𓊗 est donc „le commencement de l'an", mais 𓊗𓁶 „le premier an."]

ārk ter-t ne signifie pas „la fin de l'an", mais „la dernière année", pareillement que *ārkī haru* indique „le dernier jour" et non „la fin du jour" — Considérations au sujet de l'existence d'une „première année" et „dernière année." — 16. Relations d'anciens auteurs sur l'année fixe et sur la période embolismique de 4 années chez les Égyptiens. — 17. Conséquences qui ressortent de ces passages. — 18. Le lever de Sirius (Sothis) tombe sur le jour et la fête de ⩗ = commencement de l'an — légende du temple de Ramsès à Gournch où le lever de Sothis est marqué „au matin du commencement de l'an." — 19. L'assertion de M^r. Biot qu'il n'y a pas d'association entre Sirius et le premier mois de l'année vague, est contraire à ce que les monuments nous en disent — Placement de Sothis sous la rubrique du mois de Thoth dans le tableau astronomique du Ramesséum. — 20. Légende hiéroglyphique de Philae où il y a association de Sothis, du commencement de l'an et de la crue du Nil. — 21. Autre texte rapportant la crue à Sothis. — 22. Un troisième texte où la crue et le commencement de l'an se trouvent combinés. — 23. Conséquences tirées des dates épigraphiques mentionnées ci-dessus. — 24. L'année vague — la date du 28 Epiphi rapportant, sur un monument de l'île d'Éléphantine, la fête du lever de Sothis (20 Juillet) sous le règne de Thothmosis III, appartient-elle à l'année vague ou à l'année fixe? — 25. Dans ce dernier cas l'année aurait commencé le 27 Août ce qui la rapproche du calendrier alexandrin commençant le 29/30 Août. — 26. Comment prononçaient les anciens Égyptiens le mot se rapportant au caractère ⨍ ? — C'est sans doute le mot *ter* ou *terà*.

§ 11. DIVISION DE L'ANNÉE CHEZ LES ANCIENS ÉGYPTIENS 34

1. Les trois saisons de l'année égyptienne [Comp. pour leurs correspondances arabes „v. Gumpach, On the hist. antiqu. of the people of Egypt. p. 5 suiv."]. — 2. Commencement de l'année d'après Champollion et l'opinion de M^r. Biot sur sa nature calendrique. — 3. Sens que M^r. de Rougé suppose à la saison *šemu* et à la saison *per*, d'après nous celles de l'été et de l'hiver. — 4. Opinion de ce savant sur la première saison *ša* (l'inondation) qu'il regarde comme celle de la végétation ou, peut-être, comme „le commencement." — 5. Cette dernière explication n'est pas confirmée philologiquement. — 6. Raison qui a induit Champollion de transporter la crue au 9e mois de l'année. — 7. La solution de la question serait apportée s'il y avait des dates monumentales ayant trait à la crue du Nil. — 8. Existence de trois inscriptions du temps de Ramsès II, de Ménephthès Ier et de Ramsès III, qui font connaître le 15 Thoth et le 15 Epiphi comme des dates de Nil. — 9. Ces dates se rapportent nécessairement à l'année fixe, probablement à celle dont le 28 Epiphi tombe sur le 20 Juillet. — 10. La date du 15 Epiphi = 7 Juillet marque l'époque vers le solstice d'été dans le règne desdits pharaons. — 11. L'entrée de la crue est liée au solstice d'été — aujourd'hui elle est notée trois jours après ce point de l'année. — 12. La date du 15 Thoth = 10 Septembre correspond au jour „du mariage du Nil" des Coptes. — 13. La fête du 15 Epiphi est sans doute la même dont les anciens font mention sous le nom des Niloa célébrés vers le solstice d'été. Passage chez Élien sur les cérémonies mises en scène ce jour-là. — 14. Troisième date monumentale et ses rapports avec le Nil — Dans le calendrier de Ramsès III elle est signalée comme „le jour d'ériger le Dudu" à la date du 30 Choiak. — 15. La même date dans le calendrier d'Esneh. — 16. Dans un calendrier, à Dendera, cette fête est marquée

VIII

comme jour anniversaire de la sépulture d'Osiris — les 7 jours du 24 jusqu'au 30 Choiak. — 17. Place du 30 Choiak au calendrier julien — solstice d'hiver au temps de Ramsès III. — 18. Nouvelle remarque sur le signe du nilomètre. — 19. Cérémonie de dresser le nilomètre rappelée sur les monuments. — 20. Le jour où cette cérémonie avait lieu, est désigné autrement comme „jour de la sépulture d'Osiris" dans le calendrier d'Esneh — Il indique la fin de la crue vers le solstice d'hiver — il paraît que la date du 14 Choiak (même calendrier) annonce l'entrée de la saison de l'hiver. — 21. Deux passages calendriques dans les „Rhind-papyri" rappelant la date du 26 Choiak comme celle du „petit soleil" — rectification de la notation du mois dans l'un de ces papyrus — la traduction démotique fait reconnaître que c'est le jour de fête du dieu Sokar. — 22. D'après Macrobe et les Gnosticiens le petit soleil est le solstice d'hiver représenté sous l'image d'un jeune enfant et appelé Harpocrate tendre. —

[J'ai trouvé, dès l'impression de ce mémoire, une curieuse confirmation sur la nature du jeune soleil dans un texte monumental de temps romain (voy. Denkmaeler IV, 85, a). On y rencontre le passage suivant:

rā | ur | em | Ḥor | rā | šer | em | Seker | ter
le soleil | grand | (est) dans l'état | d'Horus | le soleil | petit | dans l'état | de Socharis | l'an

àr | ter 3 | em | dūa*) | f | em | nun | en ....
faisant | trois saisons | des | matin | son | au | lever | de ....

Le dieu dont on parle, est Amon. Il est donc, suivant ce texte, „le grand soleil, le soleil aîné, en Horus, et le petit, le jeune soleil, en Socharis, pour l'année qui se compose de trois saisons dès son matin au lever de ....." Je dois avouer que je ne comprends pas tout-à-fait le sens que ces derniers mots peuvent offrir. La mention du grand soleil et du petit soleil rappelle à l'instant الشمس الكبيرة „le grand soleil" et الشمس الصغيرة „le petit soleil" des Égyptiens modernes. D'après Mr. Poole (voy. son livre intitulé: „Horae aegyptiacae" p. 16 suiv.) les habitants d'Égypte appellent l'équinoxe de printemps le grand soleil, et un point de temps précédant exactement un mois zodiacal le grand soleil, le petit soleil. Dans la deuxième partie de ce mémoire nous profiterons de ces dates dont nous avons voulu signaler, pour à présent, l'existence.] —

23. La fête du dieu Sokar, le 26 Choiak, est consignée dans le calendrier de Ramsès III à Médinet-Abou, et dans le calendrier d'Esneh. — 24. Le passage chez Macrobe — fête des Isiaques. — 25. Les trois tétraménies de l'année égyptienne. — 26. Les deux saisons de l'été et de l'hiver et leur notation monumentale. — 27. Étude sur le sens du groupe terà, ter etc. — 28. Le groupe āp-terà ne signifie pas toujours „le commencement d'une saison", mais aussi „à toutes les époques de l'année", — preuves tirées de plusieurs passages de l'inscription de Rosette. — 29. Examen des différentes valeurs du signe polyphone de la tête ḥa. — 30. Il se trouve affecté d'un p final. — 31. On le transcrit, peut-être erronément, par

---

*) L'original a ★ 🐦 ○, mais il faut remplacer sans doute l'oiseau 🐦 = ur, mis erronnément, par cet autre 🐦 = a.

āp. — 32. Notre lecture *tep* prouvée par des exemples. — 33. Cette lecture sert à expliquer le mot *tepro* pour la bouche. — 34. La tête = *tep* remplace quelquefois la syllabe *tep* dans l'écriture du mot *ḥotep*. — 35. Le mot lu jusqu'à présent *āpu* ou *āpuā* doit être lu, probablement, *tepu* ou *tepuā*. — 36. Examen de la préposition ⟨⟩ — c'est *ḥi-tep*, en copte ϩΙΤΠЄ supra. — 37. D'autres dérivés en copte. — 38. Le mot ⲀⲠⲎ, ⲀⲠⲈ, ⲀⲪⲈ en copte. — 39. Étude sur le caractère ⟨⟩ qui parait se lire également *tep*. — 40. Deux exemples qui semblent prouver sa signification c o m m e n c e m e n t.

§ 12. DES DIVINITÉS TUTÉLAIRES DES DOUZE MOIS DE L'ANNÉE ÉGYPTIENNE 52

1. Tableau des 12 divinités. — 2. Origine des dénominations des mois du calendrier alexandrin et copte. — 3. On possède deux représentations monumentales des douze divinités. — 4. Renseignements nécessaires pour l'explication du tableau. — 5. Remarques sur les noms des mois Athyr, Choiak et Pachon. — 6. Le dieu ithyphallique *Min* „créateur(?) du blé." — 7. La déesse *Renen* présidente de la récolte.

§ 13. LES CINQ JOURS ÉPAGOMÈNES 54

1. Leurs noms en écriture hiéroglyphique, et — 2 en écriture démotique.

§ 14. DEUX SYSTÈMES DE LA NOTATION DES TRENTE JOURS DU MOIS ANTIQUE 55

1. Système de numération. — 2. Introduction de signes particuliers remplaçant les chiffres ordinaires. — 3. Ce changement ne touche pas le système. — 4. Système des 30 jours éponymes du mois égyptien. — 5. Leur liste. — 6. à Edfou. — 7. Tableau des fêtes éponymes et des personnifications des 30 jours du mois égyptien. — 8. Plusieurs en sont citées de préférence sur les monuments. — 9. Elles se trouvent accompagnées parfois du nombre de 12. — 10. Jours de fête parmi elles. — 11. Les éponymies se rapportent à la lune. — 12. Celle du premier jour de chaque mois désigne la n o u v e l l e l u n e, la n é o m é n i e, en égyptien *paut*.

Ajoutez: [Il me paraît que le mot *paut* a donné naissance aux formes ⲀⲂⲞⲦ, ⲈⲂⲞⲦ, par lesquelles les Coptes désignent le mois. La cohérence qui existe entre les mots pour la nouvelle lune et pour le mois, est prouvée par des exemples analogues dans les langues de différents peuples. Comparez, par exemple, le mot חדש en hébreu qui se rapporte primitivement à la phase de la nouvelle lune et qui, outre cela, signifie le mois.] —

13. Les douze néoménies. — 14. Fête de la néoménie. — 15. Conception du dieu Chonsou à la néoménie. — 16. Sa naissance le 2ᵉ jour du mois. — 17. Rectification d'une erreur au sujet du groupe pour le 2ᵉ j. du mois. — 18. Un passage du rituel funéraire cité. — 19. Le 15, la lune était censée être arrivée à la vieillesse. — 20. La pleine lune. — 21. Nature lunaire du mois égyptien. — 22. Exemples tirés de textes religieux. — 23. Nature lunaire d'Osiris. — 24. L'expression grecque ἀπὸ τοῦ νουμηνίας dans l'inscription de Rosette. — 25. Elle contient la traduction exacte du premier jour du mois égyptien. — 26. Remplacement mutuel des dates exprimées moyennant les chiffres, par les éponymies du mois. — 27. Exemple curieux tiré du temple de Ramsès III à Médinet-Abou et concernant la grande panégyrie du Pan

égyptien. — 28, 29. Observations finales sur les éponymies. — 30. Leurs traces chez les auteurs classiques.

§ 15. CORRESPONDANCES CALENDRIQUES DANS UN CERTAIN NOMBRE DE DATES MOMUMENTALES 64

1. Emploi des éponymies. — 2. En combinaison avec des signes numériques exprimant le quantième du mois. — 3. Comment expliquer ce fait? — 4. Différence des dates et des éponymies ajoutées pour la correspondance systématique. — 5. Exemple d'une date de l'an 23 de Thothmosis III, où le 21 Pachon est mis en correspondance avec la néoménie. — 6. La néoménie n'est pas de nature astronomique comme on a cru en Angleterre. — 7. Elle remplace simplement le premier jour d'un mois dont on a supprimé le nom. — 8. Autres exemples: date tirée des inscriptions qui couvrent une colonne dans le temple d'Esneh et que voici: le 30 Athyr = 8ᵉ jour. — Ibidem, on rencontre la correspondance: 5ᵉ jour épagomène = 8ᵉ jour. — 10. Ces exemples se rapportent a deux années différant l'une de l'autre pour le jour de leur commencement. — 11. Ceci est constaté par une date singulière, contenue dans un passage dans les „Rhind-papyri". —

Ajoutez à la fin du Nᵒ 11: [Il est sûr que la panégyrie surnommée ḥebs-tep „enveloppement de la tête", se devait rapporter à quelque cérémonie dans le culte des anciens Égyptiens. Je trouve une allusion à cet événement dans un passage du Rituel funéraire (Chap. 149, col. 15) que voici: nuk ta ḥebs tep-k „moi (je suis) le mâle qui enveloppe ta tête."] —

12. Étude sur le mot meḥ indiquant une coïncidence. — 13. Exemples de son emploi.

§ 16. ORIGINE DES CORRESPONDANCES CALENDRIQUES 68

1. Où chercher l'origine du système de ces correspondances. — 2. Nous remontons jusqu'au roi *Pepī-Merīrā* de la VIᵉ dynastie. — 3. Inscription calendrique de son règne. — 4. Selon l'explication de Mʳ. Lepsius, elle signifie le premier jour, — se lit plutôt le premier *Sep*. — 6. Autre date calendrique du temps de *Pepī*, — 7. d'après laquelle le premier *Sep*, l'an 18 de *Pepī*, tomba sur le 27 Epiphi. — 8. Rapprochement de cette date au 28 Epiphi, jour du lever de Sirius, sous le règne de Thothmosis III (voy. p. 33). — 9. Légende démontrant le rapport qui existe entre le premier *Sep* et le jour du nouvel an. — 10. Explication de cette légende. — 11. Deux autres exemples analogues au précédent. — 12. L'expression du premier *Sep* désigue d'une autre manière le jour du nouvel an. — 13. La légende du règne de *Pepī* s'explique ainsi que le 27 Epiphi correspond au 1ᵉʳ jour de l'an dans un système calendrique inconnu jusqu'à présent.

§. 17. ÉTUDE SPÉCIALE SUR CE GROUPE HIÉROGLYPHIQUE ○𝍿 = ◎𓊖 73

1. Variantes de ce groupe qui se lit *sep-tep*. — 2. Avec nos connaissances actuelles du dictionnaire hiéroglyphique il faudrait traduire ce groupe: „la première fois". — 3. Le mot *sep* s'est conservé, dans un sens particulier, dans la forme copte ⲁⲥⲫⲟϯ, ⲁⲥⲫⲱⲟϯ signifiant primus annus.

Ajoutez: [Le mot ⲁⲥⲫⲟϯ se rencontre dans un passage du prophète Daniel (I, v. 21) que voici: ⲟⲩⲟϩ ⲁϥϣⲱⲡⲓ ⲛϫⲉ ⲇⲁⲛⲓⲏⲗ ϣⲁ ⲁⲥⲫⲟϯ ⲛⲧⲉ ⲕⲩⲣⲟⲥ ⲡⲟⲩⲣⲟ „et fuit Daniel usque ad annum primum Cyri regis."] —

4. ⲤⲪⲞⲦⲒ ou ⲤⲪⲰⲞⲦⲒ est un pluriel, de sorte que ⲀⲤⲪⲞⲦⲒ (= ϨⲀ-ⲤⲪⲞⲦⲒ) „primus annus" signifie littéralement „le commencement des *Sep*." — 5. *Sep* signifie donc l'an, ou l'an d'un cycle. — 6. Passage chez Horapollon sur l'année des Égyptiens composée de 4 ans. — 7. Le groupe ⊙⏐ se rapporte à la tétraetéris citée par Horapollon — étude du mot *ḥesep*, exprimant le quart d'une certaine mesure. — 8. Mention des quatre *Sep* sur les monuments. — 9. Le groupe se lisant *sep-tep* signifie la première année d'une tétraetéris et dans un sens plus restreint le commencement de cette première année du calendrier sacré. — 10. Examen de la date citée du règne de *Pepī* et les conséquences calendriques qui en suivent. — 11. Emploi du groupe ⊙⏐ sur les monuments. — 12. Exemples. — 13. „Millions de commencements de la tétraetéris." — 14. Combinaison de l'expression de *sep-tep* avec un escalier de quatre degrés. — 15. Horus créé à l'époque *sep-tep*. — 16. *Śu* et *Hor* de l'Est, ainsi que — 17. Thoth sont mis en rapport avec cette époque. — 18. Le Nil et la même époque. — 19. Inscription où cette époque sert à remplacer la date. — 20. Inscription du roi *Pianχi*, où se rencontre le même mot.

§ 18. TABLEAU SYNOPTIQUE DES 365 JOURS DES DEUX ANNÉES, L'UNE SACRÉE ET L'AUTRE CIVILE 79

1. Remarques sur le tableau annexé. — 2. Indications monumentales des correspondances calendriques. — 3. Éponymies spéciales — la date du lever de Sothis à Medinet-Abou. — 4. La date „de la grande apparition". — 5. La date appelée „fête de *Keḥak*". — 6. D'autres exemples d'éponymies spéciales. — 7. Leur nombre n'est pas fréquent sur les monuments. — 8. Le jour du 4 Phaophi civ. appelé *kam-ba.u-s* correspondant au 1ᵉʳ jour épagomène sac. — 9. Cette correspondance suppose le 28 Epiphi civ. = 1ᵉʳ Thoth sac. — 10. Le dernier Athyr en correspondance avec le huit d'un mois — études sur le groupe *tep-sop* — examen des dix huitièmes jours. — 11. Correspondance du 5ᵉ jour épagomène avec un huitième jour de mois. — 12. Examen de la correspondance du 21 Pachon avec le premier jour d'un mois sac. — 13. Explication de la date du 8 Hadrianos qui correspond au 18 Tybi de l'ancien style. — 14. Limite des correspondances civ. du 1ᵉʳ Thoth sac. — 15. L'emploi du calendrier fixe — 16. prouvé par des passages chez les anciens et par des exemples monumentaux. — 17. La panégyrie d'Amon d'*Āpet* du sud: — 18. Rapportée au 1ᵉʳ Thoth. — 19. Au 29 Epiphi. — 20. Au 4ᵉ jour épagomène. — 21. À d'autres dates, — 22. selon la forme de l'année. — 23. Liste des dates monumentales pour la panégyrie d'Amon. — 24. La date du 9 Thoth. — 25. Celle du 11 Pachon. — 26. Celle du mois de Payni. — 27. Différences dans les correspondances calendriques.

§ 19. HEURE DU COMMENCEMENT ASTRONOMIQUE DE L'ANNÉE SACRÉE ET DE L'ANNÉE CIVILE 99

1. Passage chez un ancien auteur. — 2. Les listes horaires sur les monuments. — 3. Examen du passage de Théon. — 4. Commencement du jour. — 5. Passages chez les anciens là-dessus. — 6. Indications monumentales sur

le commencement du jour. — 7. Date du 5ᵉ jour épagomène, à la nuit du nouvel an. — 8. Date du 16 Thoth à la nuit de la fête *Ūaga*. — 9. Rectification monumentale. — 10. Les dates du 16/15 jour de mois. — 11. Exemple de l'ordre des heures pour la nuit du 1ᵉʳ Pachon. — 12. Le nouvel an commençant à une heure de la nuit précédente — différences de 6 heures pour le commencement du jour sac. et du jour civ. — 13. Explication de la date „jour 16 ⌒ 15" — appliquée au 16/15 Thoth — valeur calendrique du signe hiéroglyphique ⌒.

    CONCLUSION 106

    EXPLICATION DES PLANCHES 107

MÉTHODE DE TRANSCRIPTION EMPLOYÉ DANS CE MÉMOIRE.

𓄿 a, 𓅱 u, 𓏭 i, 𓇋𓇋 ī, 𓏤 á, ◯ ā, 𓅲 ū, ⌒ f, 𓃀 b, 𓊪 p, 𓃭 l,

◯ r, 𓅓 m, 𓈖 n, — s, 𓌙 d, ○ t, 𓏏 ṯ, 𓆓 θ, 𓊽 t', 𓉔 h,

𓎛 ḥ, ⊙ χ, 𓌳 š, 𓎼 g, △ k, 𓎡 ḳ.

MATÉRIAUX POUR SERVIR A LA RECONSTRUCTION DU CALENDRIER DES ANCIENS ÉGYPTIENS.

§ 1. CALENDRIER COPTE.

1. Les chrétiens coptes, descendants des anciens Égyptiens, se servaient aux temps passés et se servent encore de nos jours d'un calendrier, que sa précision, à l'endroit de l'indication des phénomènes périodiques de la nature, a fait adopter même par les Égyptiens mahométans pour leurs régistres et comptes administratifs.

2. L'année des Coptes se compose de douze mois chacun de trente jours, et à la fin du douzième mois, de cinq jours complémentaires appelés en arabe eijâm-e'-nesî. Tous les quatre ans, un sixième jour s'ajoute aux cinq jours complémentaires, de sorte que l'année alors bissextile, se compose non pas de 365 mais de 366 jours. Il résulte de là que cette méthode de mesurer le temps constitue une année fixe, c'est-à-dire une année dans laquelle les phénomènes périodiques de la nature doivent tomber avec une régularité parfaite sur la même date.

3. Nous mettons d'abord sous les yeux du lecteur la liste des douze mois de l'année copte tels qu'on les trouve écrits en écriture arabe, sur la foi des pièces et des livres administratifs publiés en Égypte.*)

1. Tût توت . . . . commence le 10 (ou 11) Septembre
2. Bábeh بابه . . . „ „ 10 (11) Octobre
3. Hátûr هتور . . . „ „ 9 (10) Novembre
4. Kijahk كيهك . . „ „ 9 (10) Décembre
5. Tûbeh توبه . . . „ „ 8 (9) Janvier
6. Amschir امشير . „ „ 7 (8) Février
7. Barmahát برمهات . „ „ 9 Mars
8. Barmûdeh برموده . „ „ 8 Avril
9. Beschens بشنس . „ „ 8 Mai
10. Baûneh بوونه . . „ „ 7 Juin
11. Ebîb ابيب . . . „ „ 7 Juillet
12. Misra مسرى . . . „ „ 6 Août

---

*) Nous avons donné les noms coptes, exprimés en arabe, d'après un almanach copte MS. conservé à la Bibliothèque Royale de Berlin (MS. orient. 4° 417).

khumseh ajâm	1ᵉʳ jour complémentaire	= 5 Septembre			
e'-nauesîm „les	2ᵉ	„	„	6	„
„cinq petits jours,"	3ᵉ	„	„	7	„
ou	4ᵉ	„	„	8	„
شهر نسى ou شهر صغير	5ᵉ	„	„	9	„
„le petit mois."	[6ᵉ	„	„	10	„ de l'année bissextile]

Les noms arabes de ces mois, auxquels nous avons ajouté la date grégorienne pour le commencement de chacun dans l'année copte (l'année bissextile y inclus), se retrouvent dans les livres des Coptes exactement sous les mêmes dénominations, sauf quelques légères différences provenues de l'absence de plusieurs lettres coptes dans l'alphabet arabe, non moins que de la diversité des dialectes memphitique et sahidique en copte.

4. Nous présentons, en second lieu, la liste de ces mois-là en écriture copte, selon les dialectes susdits. Nous y avons joint, pour le premier jour de chaque mois ainsique pour les 5 ou 6 jours complémentaires à la fin de l'année, les dates correspondantes du calendrier julien. Une fois pour toutes nous ferons, à cet endroit, la remarque que nous nous servirons dans le cours de notre travail, du calendrier julien pour fixer une date quelconque du calendrier égyptien, soit copte, soit alexandrin, soit ancien égyptien.

Tableau du calendrier copte

en dialecte memphitique	en dialecte sahidique	commence et correspond au
1. ⲑⲱⲟⲩⲧ . . .	ⲑⲟⲟⲩⲧ . . .	29 (30) Août
2. ⲡⲁⲱⲡⲓ . . .	ⲡⲁⲟⲡⲉ . . .	28 (29) Septembre
ⲫⲁⲟⲫⲓ	ⲡⲁⲁⲡⲉ*	
3. ⲁⲑⲱⲣ	ϩⲁⲑⲱⲣ . . .	28 (29) Octobre
	ⲁⲑⲱⲣ*	
4. ⲭⲟⲓⲁⲕ	ⲭⲟⲓⲁϩⲕ . . .	27 (28) Novembre
	ⲭⲓⲁⲭⲉ*	
5. ⲧⲱⲃⲓ	ⲧⲱⲃⲉ	27 (28) Décembre
6. ⲙⲉⲭⲓⲣ	ⲙ̄ϣⲓⲣ	26 (27) Janvier
7. ⲫⲁⲙⲉⲛⲱⲑ . . .	ⲡⲁⲣⲙϩⲁⲧ . .	25 (26) Février
	ⲡⲁⲣⲉⲙϩⲁⲧⲡ̄*	
8. ⲫⲁⲣⲙⲟⲩⲧⲓ . . .	ⲡⲁⲣⲙⲟⲩⲧⲉ . . .	27 Mars
9. ⲡⲁϣⲱⲛⲥ . . .	ⲡⲁϣⲱⲛⲥ	26 Avril
10. ⲡⲁⲱⲛⲓ	ⲡⲁⲱⲛⲉ . . .	26 Mai
	ⲡⲁⲱⲛⲏ*	
11. ⲉⲡⲏⲡ	ⲉⲡⲏⲫ	25 Juin
	ⲉⲡⲉⲡ*	
12. ⲙⲉⲥⲱⲣⲏ . . .	ⲙⲉⲥⲱⲣⲏ	25 Juillet

	1ᵉʳ jour complémentaire	=	24 Août	
ⲠⲀϨⲞⲨ ⲚⲔⲞⲨⲌⲒ	2ᵉ „	„	25	„
„le petit mois."	3ᵉ „	„	26	„
	4ᵉ „	„	27	„
	5ᵉ „	„	28	„
	[6ᵉ „	„	29	„]

Nous devons la connaissance des noms marqués d'un astérisque et inconnus jusqu'à présent, à l'étude de plusieurs anciennes inscriptions coptes qui couvrent les murailles de quelques sanctuaires antiques à Thèbes, notamment de celui que les Arabes du voisinage ont l'habitude d'appeler Deir-el-medineh. Les parois de plusieurs grottes et catacombes de la nécropolis thébaine contiennent, de même, des inscriptions en caractères coptes qui, pour les mois en question, donnent la même écriture marquée.

§ 2. ÈRE COPTE.

La base dont les Coptes se servaient et se servent encore aujourd'hui pour établir les fondements de leur chronologie est une ère fixe, qu'ils appellent l'ère de Dioclétien ou l'ère des martyrs (ⲬⲢⲞⲚⲞⲤ ou ⲬⲢⲞⲚ ⲘⲘⲀⲢⲦ). Cette ère, qui commence le 29 Août de l'an 284 après J.-C., fut appelée ainsi en mémoire des funestes supplices et des cruelles persécutions que l'empereur Dioclétien fit subir aux Chrétiens. Eutrope nous rapporte à ce sujet: „Diocletianus obsessum Alexandriae Achilleum octavo fere mense superavit eumque interfecit: victoria acerbe usus est, totam Aegyptum gravibus proscriptionibus caedibusque foedavit." Les nombreux martyrologes qui se trouvent parmi les livres coptes, font mention de cette malheureuse persécution avec tous ses terribles détails et sans cacher les horreurs et les cruautés dont cet empereur se rendit coupable envers les pauvres chrétiens d'Égypte.

§ 3. JOURS DES FÊTES RELIGIEUSES DU CALENDRIER COPTE.

1. Les fêtes périodiques des Coptes regardent les jours solennels de l'église chrétienne ou se rapportent à différents phénomènes de l'eau du Nil. L'institution des fêtes religieuses remonte aux premiers temps de l'introduction du christianisme en Égypte, tandisque les fêtes profanes remontent bien au-delà, leur origine se perdant dans la nuit des âges.

2. Les fêtes purement religieuses se divisent, selon les Coptes, en grandes fêtes et en petites fêtes. Voici la liste et la série des grandes fêtes:

1) 'id-el-milád (عيد الميلاد) „la fête de la naissance", le 29 Kijahk = 25 Décembre.
2) 'id-el-ghîtás (غيطاس) „la fête du baptême", le 11 Tûbeh = 6 Janvier.
3) 'id-el-bischárah (عيد البشارة) „la fête de l'annonciation", le 11 Ba'rmahat = 6 Avril.
4) 'id-e'-scha'anîn„ la fêtede Pâques fleuries" (fêtée le dernier dimanche qui précède Pâques).
5) 'id-el-qijámeh „la fête de la résurrection" (Pâques), appelée encore 'id-el-kebîr „la grande fête."
6) 'id-e'-so'ûd „la fête de l'ascension."
7) 'id-el-'ansar'ah „la fête de la Pentecôte."

Les petites fêtes, au nombre de quatre, sont:
1) khamîs-el-'ahd „le Jeudi saint", deux jours après:
2) sebt-e'-nur „le Samedi de la lumière."
3) 'id-e'-rusul „la fête des Apôtres", le 5 Ebib = 29 Juin.
4) 'id-e'-salîb „la fête de [l'exaltation de] la croix", le 17 Tût = 14 Septembre.

Aux temps passés comme de nos jours (quoique à présent moins rarement, seulement dans les villages), la nuit qui précédait la fête du baptême, les Coptes avaient l'habitude de plonger leur corps dans l'eau des réservoirs ou bassins construits uniquement à cet effet dans le voisinage des églises chrétiennes.

Aux trois grandes fêtes de la naissance, du baptême et de Pâques, les mêmes Coptes croient remplir un devoir sacré en visitant, la nuit qui précède les dites fêtes, les tombeaux de leur famille et en offrant aux pauvres gens qui se tiennent près des tombeaux, des cadeaux en mémoire des défunts.

§ 4. JOURS DES FÊTES PROFANES DU CALENDRIER COPTE.

1. Parmi les fêtes profanes que les Coptes ont reçues de leurs ancêtres païens dans l'antiquité égyptienne, il faut nommer d'abord les jours du Nil. L'importance des phénomènes arrivant ces jours-là est tellement grande pour le pays entier, que non seulement les chrétiens coptes, mais aussi toute la population mahométane prend part aux croyances répandues à leur égard, de même qu'aux solennités célébrées publiquement et pompeusement par les autorités de la capitale.

Ce sont deux jours qui portent le nom, l'un de: leilet-e'-nuqtah „la nuit de la goutte", et l'autre de wefa-e'-nil, littéralement: „l'abondance de l'inondation." Nous devons faire observer ici, que dans la langue arabe parlée en Égypte ainsi que dans les idiomes des Barâbra en Nubie et dans tout le Soudan, le mot Nil malgré son origine classique ne signifie point le fleuve, mais uniquement et exclusivement l'eau de l'inondation.

„La nuit de la goutte" a lieu le 11 Baûneh = 5 Juin, c'est-à-dire la nuit qui précède le jour du 5 Juin selon la manière des orientaux de commencer le jour par la nuit précédante. Les Égyptiens ont la singulière croyance qu'à la nuit indiquée, — de notre temps quatre jours avant l'entrée du soleil dans le signe zodiacal du cancer, — une goutte d'eau tombe du ciel et que ce moment, calculé d'avance très-scrupuleusement dans les tables des astrologues, est le signal de la crue du Nil. Notons donc ce premier évènement.

2. Le Nil continue dès ce jour à monter et à inonder le pays. Il atteint régulièrement la hauteur indispensable pour fertiliser le pays situé dans le voisinage du Caire vers le milieu du mois copte de Misra (Août). Quand ce jour est arrivé, on perce la grande digue du canal du Caire, en présence d'une foule immense et en exécutant, d'une manière bien solennelle, certaines cérémonies dont on ne peut méconnaître l'origine antique. C'est le jour du mariage du Nil fêté de notre temps le 18 Misra = 11 Août. Prenons-en note préalablement, cette date n'étant pas sans importance pour nos études monumentales.

3. Le jour de l'exaltation de la croix ou le 17 Tût = 14 Septembre la crue du fleuve est censée, au Caire, avoir atteint sa plus grande hauteur et des crieurs publics vont de rue en rue, de place en place proclamer à haute voix cet heureux évènement à la population. Retenons encore cette date dans la mémoire: elle nous servira également de point de repère dans nos recherches.

4. Les voyageurs des siècles passés, qui ont visité et parcouru l'Égypte et qui ont étudié les moeurs et les coutumes du peuple égyptien de leur temps, témoignent unaniment que ces jours consacrés au Nil ont été fêtés deux et trois siècles avant nous de la même manière qu'aujourd'hui, c'est-à-dire avec la plus grande solennité. Parmi ces pèlerins nous citerons en premier lieu le père Vansleb, dont le récit s'accorde avec les relations de tous les autres voyageurs qui ont observé les fêtes périodiques en l'honneur du fleuve.

Le père Vansleb, qui a voyagé en Égypte dans les années 1672—1673, nous apprend d'abord que la chute de la goutte céleste annonçant la crue prochaine, tomba pendant son séjour le 12 Baûneh = 6 Juin qui correspond assez exactement à la date citée plus haut pour le même phénomène.

Plus loin Vansleb affirme que les Égyptiens regardent le 24 Septembre grégorien (= 12 Septembre julien = 15 Tût), jour de l'exaltation de la Sainte croix, comme le terme de la crue qui est censée finir à cette date. Mais il y a une erreur de deux jours dans ce que nous affirme le Père Vansleb, l'exaltation de la croix ayant lieu le 17 Thoth. „A cette fête de l'exaltation de la croix, ajoute-t-il, ils ont coutume de bénir à la messe une croix qu'ils jettent dans le Nil, supposant que c'est elle qui arrête son accroissement. Autrefois leur patriarche faisait cette cérémonie en grande pompe. Mais maintenant (1672) les Mahométans ne permettent plus ces processions publiques chaque prêtre l'accomplit en secret, dans son village" (comp. Biot, Journal des Savants, cahiers de Décembre 1856 et Janvier 1857; extraits pag. 14 suiv.).

Remarquez qu'entre la date de la chute de la goutte céleste (= 12 Baûneh) et celle de l'exaltation de la Sainte croix (= 17 Tût) il y a une différence de 100 jours.

4. Nous ne pouvons pas passer sous silence qu'il y a dans les almanachs arabes publiés depuis une série d'années annuellement en Égypte (à Boulaq) des indications très-précieuses sous le rapport des dates du Nil. Nous avons pu comparer plusieurs années et nous en avons emprunté les dates suivantes.

Date copte.	Date julienne.	
30 Pachon	25 Mai	l'eau du Nil commence à changer.
3 Payni	28 „	le Nil s'échauffe.
11 „	5 Juin	la nuit de la chute de la goutte.
[15 „	9 „	solstice d'été.]
18 „	12 „	commencement de la crue.
25 „	19 „	jour de l'assemblée au Nilomètre.
26 „	20 „	on annonce au public la crue du Nil.
18 Mesori	11 Août	cérémonie appelée: le mariage du Nil.
16 Thoth	13 Septembre	le Nil cesse de monter.
17 „	14 „	fête de la croix — ouverture des digues et des écluses.
7 Paophi	4 Octobre	fin de l'inondation.

De ces dates, le 18 Payni, jour qui est censé marquer le commencement de la crue, et le 18 Mesori, le mariage du Nil, ont une grande valeur pour nos recherches. Nous prouverons plus tard, dans la suite de ce mémoire, qu'ils se retrouvent sur les monuments.

Notre savant ami, Mr. le professeur Dieterici a bien voulu se charger de la traduction entière d'un de ces almanachs égyptiens. Il a choisi celui de l'année 1213 de la fuite de Mohammed (= 1837/38 de l'ère chrétienne) et nous avons joint son travail à l'appendice de cet ouvrage.

§ 5. CALENDRIER ALEXANDRIN.

1. L'histoire nous apprend que les habitants d'Alexandrie d'origine grecque se servaient d'un calendrier qui pour le nombre des mois et des jours ne différait en rien du calendrier des Coptes, que nous venons de lire. Le calendrier alexandrin commençait de même le 29 Août, les dénominations grecques des mois singuliers étaient prises de l'égyptien, il y avait à la fin de l'année composée de 360 jours, cinq jours complémentaires ou, comme on les appelait alors, épagomènes, et tous les quatre ans le nombre des cinq jours épagomènes était augmenté d'un sixième jour.

2. Voici la liste des mois alexandrins dans leur ordre successif en écriture grecque:

1. Θώϑ et Θωΰϑ.
2. Φαωφὶ et Φαοφί.
3. Ἀϑὺρ et Ἀϑυρί.
4. Χοιὰκ, Χυὰκ et Χοιάχ.
5. Τυβί.
6. Μεχὶρ et Μεχείρ.

7. Φαμενώϑ.
8. Φαρμουϑὶ et Φαρμουτί.
9. Παχών.
10. Παϋνί.
11. Ἐπιφὶ et Ἐπείπ.
12. Μεσορὶ, Μεσωρὶ et Μεσορή.

ἐ ἐπαγομέναι.

3. Sans vouloir discuter les différentes opinions sur l'origine de l'ère alexandrine, qui généralement est reportée au 30 Août de l'an 30 avant J.-C., nous nous contenterons de citer le fait incontestable, que dès les temps d'Auguste les écrivains grecs de même que plus tard les historiens ecclésiastiques se servaient, pour leurs dates, de l'année fixe alexandrine.

§ 6. JOURS DE FÊTES DU CALENDRIER ALEXANDRIN.

Quoique le nombre des fêtes célébrées en Égypte, que les auteurs nous ont transmises de l'époque alexandrine, soit assez restreint, il en est cependant une petite série qui fournit pour nos recherches des matériaux extrêmement précieux. La connaissance de la plupart de ces fêtes est due à Plutarque, qui dans son livre intitulé: Sur Isis et Osiris, les a mentionnées en se servant, pour déterminer leur place, du calendrier alexandrin. Les auteurs ecclésiastiques n'en ont transmis qu'un très-petit nombre. Voici, par ordre successif des mois alexandrins, la liste de toutes celles de ces fêtes que j'ai pu découvrir.

I. Mois de Thoth.

1er jour = 29 Août: commencement de l'année fixe des Alexandrins.
9e jour = 6 Septembre: fête des poissons rôtis (Plut. l. l. chap. 7, b).
18e jour = 15 Septembre: commencement de l'automne (d'après Ptolémée. Comp. A. Böckh, Ueber die 4jährigen Sonnenkreise der Alten, p. 237 suiv.).
19e jour = 16 Septembre: fête du dieu Hermès (Plut. l. l. chap. 68, a.).
28e jour = 25 Septembre (137 après J.-C.) solstice d'automne (Ptolémée).

II. Mois de Phaophi.

6e jour = 3 Octobre: Isis se voyant enceinte suspend à son cou un talisman (Plut. l. l. chap. 65, a).
23e jour = 20 Octobre: fête de la naissance du support du soleil — après l'équinoxe automnal (Plut. l. l. chap. 52, a).

III. Mois d'Athyr.

(Athyr) qui correspond à quatre jours près au mois de Novembre: le soleil parcourt dans ce mois le signe zodiacal du scorpion (Plut. l. l. chap. 13, c).
15e jour = 11 Novembre: commencement de l'hiver (Ptolémée).
17e jour = 13 Novembre: jour de la mort d'Osiris (Plut. l. l. chap. 13, c— 42, a).
18e jour = 14 ⎫
19e „ = 15 ⎬ Novemb. jours de deuil pour la déesse Isis. Le fleuve cesse de monter et entre dans son décroissement (Plutarque, de Is. e. O. chap. 39, b).
20e „ = 16 ⎭

Ces jours constituent la grande fête Isiaque (comp. A. Böckh, Ueber die vierjährigen Sonnenkreise etc. p. 202 suiv. et p. 417 suiv.)

IV. Mois de Choiak

correspondant à Décembre: vers le temps du solstice d'hiver on va à la recherche d'Osiris; on promène la vache d'Isis sept fois autour du temple du soleil (Plut. l. l. chap. 52, a—b).

Vers le temps du solstice d'hiver: le dieu naît au milieu des fleurs et des plantes qui viennent de pousser (Idem l. l. chap. 65, b).
26e jour = 22 Décembre: solstice d'hiver (137 après J.-C., Ptolémée).

V. Mois de Tybi.

7e jour = 2 Janvier: arrivée d'Isis de la Phénicie (Idem l. l. chap. 50, b).
11e jour = 6 Janvier: on célèbre la cérémonie appelée ὕδρευσις, c'est-à-dire: puiser de l'eau. Tout le monde en Égypte puise ce jour là de

l'eau et la conserve chez soi (Epiphan. comp. Jablonski, opusc. tom. II. p. 259 suiv.).

25ᵉ jour = 20 Janvier: grande fête des Égyptiens (Moyse de Chorrène).

VI. Mois de Mechir.

13ᵉ ou 14ᵉ jour = 7 ou 8 Février: commencement de la saison vernale (Ptolémée).

VII. Mois de Phamenoth.

1ᵉʳ jour = 25 Février: entrée d'Osiris dans la lune — commencement du printemps (Plut. l. l. chap. 43, b).

26ᵉ jour = 22 Mars. Équinoxe vernal. Après l'équinoxe: la fête de la couche (Idem, chap. 65, b. comp. aussi pour le jour de l'équinoxe, Ptolémée dans l'Uranologie de Petave, Anatolius chez Eusèbe hist. eccles. liv. VII. chap. 32, Epiphan. haeres. LI. § 26, 27. — cf. aussi pour ces citations Jablonski, opusc. tom. II. p. 293).

VIII. Mois de Pharmouthi.

25ᵉ jour = 20 Avril: époque de la moisson (Théon in Arati Phaenomena, voy. Jablonski l. l. p. 294).

XI. Mois d'Epiphi.

1ᵉʳ jour = 25 Juin: solstice d'été (138 après J.-C. — Ptolémée).

30ᵉ jour = 24 Juillet: naissance des yeux d'Horus quand le soleil et la lune se trouvent être sur la même ligne (Plut. l. l. chap. 52, a).

XII. Mois de Mesori

qui correspond au mois de Juillet: καὶ Μεσορὶ Νείλοιο φέρει φυσίζοον ὕδωρ (Anthologie, vol. II. pag. 510 de l'édition de Brunk, voy. Ideler, Chronol. vol. I. p. 150).

Jours épagomènes.

1ᵉʳ jour = 24 Août: naissance d'Osiris,
2ᵉ „   = 25   „ : naissance d'Arouéris,
3ᵉ „   = 26   „ : naissance de Typhon,
4ᵉ „   = 27   „ : naissance d'Isis,
5ᵉ „   = 28   „ : naissance de Nephthys (Plut. l. l. chap. 18, b).

§ 7. REMARQUES AU SUJET DES FÊTES CI-DESSUS NOMMÉES.

1. L'examen des jours de fêtes égyptiennes datées d'après le calendrier alexandrin, nous fait reconnaître au premier coup d'oeil que la plupart d'entre elles offrent des rapports très-visibles avec des phénomènes célestes, terrestres

et aquatiques. Les noms de divinités ainsique les faits mythologiques, dont les anciens nous entretiennent, ne sont en effet que des personnifications et des symboles des phénomènes de la nature. Ainsi, par exemple, la mort d'Osiris, qui était censée arriver le 17 Athyr, et les trois jours de deuil qui la suivaient, s'expliquent aisément, comme Plutarque l'a avancé, par la disparition entière de la crue. Le Nil, c'était Osiris, la naissance de ce dieu avait lieu quand le fleuve commençait à croître, le dieu mourait quand le fleuve était arrivé au terme de son décroissement.

2. Nous avons dressé le tableau suivant, pour faire mieux voir à nos lecteurs les rapports qui existent entre les mythes et les phénomènes en question. Tout ce qui est renfermé dans [ ] est suppléé d'après les indications données par les relations des auteurs grecs.

	mois alexandrin	mois julien	le soleil au signe de	Événements phénoménaux.
1.	Thoth	Septembre	♍ [Vierge]	18 Thoth = 15 Sept. commencement de l'automne. 28 Thoth = 25 Sept. équinoxe automnal. 6 Phaophi = 3 Oct. naissance du support du soleil.
2.	Phaophi	Octobre	♎ [Balance]	
3.	Athyr	Novembre	♏ Scorpion	15 Athyr = 11 Novemb. commencement de l'hiver. 17—20 Athyr = 13—16 Nov. La crue du Nil cesse et le fleuve commence à décroître.
4.	Choiak	Décembre	♐ [Sagittaire]	26 Choiac = 22 Décemb. solstice d'hiver. Vers le solstice d'hiver: la recherche d'Osiris — le dieu naît au milieu des fleurs et des plantes nouvellement poussées.
5.	Tybi	Janvier	♑ [Capricorne]	11 Tybi = 6 Janv. ὕδρευσις.
6.	Mechir	Février	♒ [Verseau]	13 ou 14 Mechir = 7 ou 8 Février: commencement du printemps.
7.	Phamenoth	Mars	♓ [Poissons]	1 Pham. = 25 Février: commencem. du printemps. Entrée d'Osiris dans la lune. 26 Pham. = 22 Mars: équinoxe de printemps.

	mois alexandrin	mois julien	le soleil au signe de	Événements phénoménaux.
8.	Pharmouthi	Avril	♈ [Belier]	25 Pharm. = 20 Avril: époque de la moisson.
9.	Pachon	Mai	♉ [Taureau]	15 Pachon = 10 Mai: commencement de l'été.
10.	Payni	Juin	♊ [Gémeaux]	
11.	Epiphi	Juillet	♋ Cancer	1 Epiphi = 25 Juin: solstice d'été. Commencement de la crue du Nil. [26 Epiphi = 20 Juillet lever de Sothis, pour Heliopolis.]
12.	Mesori	Août	♌ Lion	la crue du Nil.

3. Si nos lecteurs se donnent la peine de comparer les dates du calendrier copte qui se rapportent au Nil et qui sont regardées par toute la population égyptienne comme des jours solennels (voy. § 4), ils pourront facilement se convaincre qu'il existe ici entre le calendrier copte et le calendrier alexandrin un accord parfait.

Quoique l'antiquité ne nous fixe pas exactement la date du jour qui marque la chute de la goutte céleste, le 11 Payni = 5 Juin selon le calcul copte, nous verrons cependant dans le paragraphe suivant que ce jour est bien précisé par l'époque du solstice d'été, terme regardé comme annonçant la crue. Le phénomène imaginé que les Coptes appellent la goutte céleste, portait chez les anciens Égyptiens une dénomination mythologique. Selon le témoignage de Pausanias (in Phocicis liv. X, chap. 32) les Égyptiens prétendaient que la crue et l'inondation du Nil était l'effet des larmes d'Isis tombées dans le fleuve.

4. Nous avons remarqué de plus, au même §, que le Nil atteint la hauteur nécessaire pour inonder le pays dans le voisinage du Caire vers le milieu du mois de Mesori. C'est justement ce mois pour lequel nous avons cité le vers de l'anthologie:

$$\kappa\alpha\grave{\iota}\ M\varepsilon\sigma o\varrho\grave{\iota}\ N\varepsilon i\lambda o\iota o\ \varphi\acute{\varepsilon}\varrho\varepsilon\iota\ \varphi\upsilon\sigma i\zeta o o\nu\ \ddot{\upsilon}\delta\omega\varrho.$$

Quant à la cérémonie appelée ὕδρευσις et fêtée le 11 Tybi = 6 Janv., nous rappelons au lecteur la fête 'id-el-ghîtâs, ou celle „du baptême" de l'église copte (voy. § 3). Arrêtons-nous ici. Ayant vu la concordance des deux calendriers, alexandrin et copte, prouvée par les phénomènes périodiques du Nil, nous allons examiner soigneusement ce que les anciens auteurs nous en ont dit.

§ 8. DU NIL.

1. D'après les observations et les témoignages unanimes des voyageurs qui ont porté leur attention sur les phénomènes que l'eau du Nil offre, dans la durée d'une année, d'accord avec les dates des jours du Nil signalées dans les almanachs égyptiens, le commencement de sa crue se fait sentir à son entrée en Égypte vers l'époque du solstice d'été. Au Caire on observe de nos jours le commencement de la crue, quoique bien légère, dans la première semaine du mois de Juillet grég. Pendant six à huit jours la crue des eaux marche assez lentement, tandis qu'après ce temps elle se développe beaucoup plus rapidement. Vers le milieu du mois d'Août grég. les eaux ont atteint les deux tiers de leur hauteur ordinaire entre la plus basse et la plus haute marque. On ouvre alors les digues qui donnent accès à l'eau dans les canaux artificiels. Le maximum de la crue arrive à l'époque comprise entre le 20 et le 30 Septembre grég., qu'on désigne par le nom de Salîb. Pendant quinze jours la hauteur reste invariablement la même. Ce temps écoulé, arrive la décrue continuelle, de sorte que vers le 10 Novembre grég. le fleuve est tombé jusqu'à la moitié de sa hauteur. Vers la fin du mois de Mai grég. l'eau se trouve rentrée à son plus bas niveau. Comp. là-dessus L. Horner „on the alluvial land of Egypte" dans les Philosophic. Transactt. 1855. pag. 114.

Il est aisé de s'apercevoir que les jours du Nil, selon d'anciennes traditions retenues chez les Coptes, et que nous avons exposées au § 5, s'accordent parfaitement avec les différentes époques du changement de l'eau, comme nous venons de l'apprendre grâce aux observations modernes.

Reportons-nous aux temps antiques pour examiner le rapport qui existe entre ces dates du calendrier des Coptes et les relations des auteurs grecs et romains sur le même sujet.

2. La source la plus ancienne et la plus véridique à laquelle il soit permis de remonter, est Hérodote. Au livre II. chap. 19 de ses Histoires, cet auteur s'énonce sur la nature du Nil et sur sa crue de la manière suivante: „Je fus

curieux, dit-il, d'apprendre des Égyptiens la cause qui produit la crue du Nil (κατέρχεται πληθύων), à partir du solstice d'été durant cent jours, et la décrue (ἀπέρχεται ἀπολείπων τὸ ῥέεθρον) après l'écoulement de ce nombre de jours, de manière que, pendant l'hiver entier (τὸν χειμῶνα ἅπαντα) il reste bas jusqu'au solstice d'été prochain."

D'après le calcul copte, la crue du Nil dure 100 jours, c'est-à-dire du 11 Paoni = 5 Juin jusqu'au 17 Thoth = 14 Septembre.

D'après les observations modernes la crue dure 90—100 jours.

Hérodote ne se trouve donc contredit ni par les traditions coptes ni par les observations modernes.

Mais remarquez d'avance une chose, c'est qu'il ajoute qu'après les 100 jours le Nil reste bas τὸν χειμῶνα ἅπαντα „pendant l'hiver entier." — Au temps d'Hérodote (vers 450 avant J.-C.) le solstice d'été, terme du commencement de la crue, avait lieu le 29 Juin, ajoutez-y les 100 jours, la fin de la crue devait tomber au 7 Octobre. Il a donc raison d'appeler les mois suivants, savoir 8—31 Octobre, Novembre, Décembre, Janvier, Février, Mars χειμῶν, l'hiver. C'est la traduction exacte de la saison écrite hiéroglyphiquement ⌒ pur, en copte ⲡⲣⲱ, ⲫⲣⲱ, hiems.

3. Pline, s'appuyant sans doute sur une bonne autorité, fixe le commencement de la crue (Historia nat. V. 10. § 57) de la manière suivante: „(Nilus) incipit crescere luna nova quaecunque post solstitium est, sensim modiceque cancrum sole transeunte, abundantissime autem leonem, et residit in virgine iisdem quibus accrevit modis; in totum autem revocatur intra ripas in libra ut tradit Herodotus centesimo die."

Pour mieux saisir les paroles de notre auteur, nous engageons le lecteur à regarder le tableau synoptique p. 10 § 7 et à y suivre les données de Pline. Cet auteur, qui vivait au premier siècle de notre ère, dit donc bien clairement:

1° que le Nil commence à croître à la nouvelle lune qui suit le solstice d'été. Celui-ci ayant lieu à son temps vers le 23 Juin, il en résulte que le commencement de la crue tombe dans l'espace du temps compris entre le 23 Juin et le 23 Juillet. A cette époque le soleil se trouvait en effet au signe zodiacal du cancer, comme Pline le dit expressément;

2° que la crue du Nil s'opère avec rapidité quand le soleil est au lion. Cela a lieu au mois de Mesori qui répond au mois d'Août;

3° que la décrue se fait dans la même proportion que la crue, dans le signe de la vierge, c'est-à-dire au mois de Thoth = Septembre;

4° que la durée totale de la crue, qui finit quand le soleil est dans la balance, c'est-à-dire au mois égyptien Phaophi = Octobre, comprend cent jours, comme Hérodote l'affirme.

4. Pline s'est servi pour désigner les différentes époques de la crue, de la position du soleil dans la bande zodiacale. Comme nous connaissons le rapport qui existe entre les signes zodiacaux et les mois alexandrins, il est facile de comprendre et d'appliquer au calcul chronologique le sens des données astronomiques de Pline, comme nous venons de le faire. Il en est de même pour d'autres auteurs qui emploient encore ces termes. C'est ainsi que l'auteur des hieroglyphica (voy. Horapollon, liv. I. chap. 21) dit expressément: ὁ ἥλιος εἰς λέοντα γενόμενος πλείονα τὴν ἀνάβασιν τοῦ Νείλου ποιεῖται „quand le soleil entre au lion, il augmente d'intensité la crue du Nil", ce qui équivaut à ce que Pline en a dit.

Déjà à cet endroit remarquons en général, que selon les témoignages des anciens (voy. la collection chez Jablonski, Pantheon Aegyptt. vol. I. p. 218 suiv. et Horapollon éd. de M^r. Leemans, Amsterd. 1835 p. 225) les Égyptiens avaient coutume de donner aux extrémités des gouttières et goulottes la forme de têtes et de gueules de lion pour rappeler par ce symbole l'abondance de l'eau à l'époque de la crue, quand le soleil est au signe du lion. Nous aurons plus bas l'occasion de citer quelques exemples très-curieux de cet usage indiqué par les anciens et prouvé par l'existence de monuments construits de cette façon et ornés de textes explicatifs.

5. Il y a dans le passage de Pline cité plus haut, une remarque assez singulière. Tandis que les autres auteurs font commencer la crue du Nil au solstice d'été, Pline observe que cet événement a lieu „à la nouvelle lune qui apparaît après le solstice d'été." Il en résulte que l'écrivain romain a tiré son assertion d'une source inconnue qui mettait en rapport la nouvelle lune avec la crue du fleuve. Cette remarque n'a rien d'étonnant, vu que plusieurs autres écrivains de l'antiquité confirment cette donnée d'une manière bien expressive. Soline (chap. 35 de l'édit. de Saumaise) s'énonce à l'égard du Nil comme il suit: „Quelques-uns prétendent que sa source, appelée Phialus (il faut lire sans doute Philae), est agitée (excitari) par le mouvement des constellations . . . . . mais non pas sans obéir à une certaine loi, c'est-à-dire „aux nouvelles lunes" (lunis coeptantibus). Eusèbe (Praepar. evang. livr. III. chap. 12) nous apprend que „dans le signe du bélier l'influence de la lune se fait notablement sentir sur l'apparition de l'eau (ὅτι ὑδραγωγὸς ἐν συνόδῳ [ἡλίου καὶ σελήνης] ἡ σελήνη)." Élien (de anim. liv. XI. chap. 10) met le signe

μενοειδὲς τῆς σελήνης, que le bœuf sacré Apis portait sur le flanc droit, directement en rapport avec la crue du Nil.

Nous terminons ici nos remarques sur l'époque du commencement de la crue que tous les auteurs fixent au temps du solstice d'été, en affirmant de même que la durée de la crue embrasse cent jours. Le lecteur qui désirera s'en convaincre plus fortement, peut étudier avec profit les passages cités et réunis dans le livre de Jablonski que nous avons nommé ci-dessus (vol. II. liv. IV. chap. I. p. 158) et le mémoire de M^r. Lepsius „Ueber den Apiskreis" dans le Journal de la Deutschen Morgenl. Gesellsch. vol. VII. p. 431.

§ 9. DU NILOMÈTRE, SYMBOLE DE LA CRUE.

1. A l'époque du commencement de la crue, c'est-à-dire vers le temps du solstice d'été, les anciens Égyptiens célébraient, en l'honneur du fleuve, une fête, la plus grande et la plus sacrée de l'année, qu'ils appelaient Niloa (Νειλῶα, voy. Héliodore, in Aethiopicis IX, 9). Nous ne savons ni la date précise de cette fête ni la description des cérémonies qu'on célébrait publiquement à cette occasion. Cependant il s'est conservé quelques notices sur un acte symbolique ayant trait à la crue et à la salutation solennelle des eaux montantes.

2. Le commencement de la crue, à cette fête, fut symboliquement indiquée par la présence d'un symbole dont l'origine remonte à la plus haute antiquité égyptienne. Ce symbol n'est pas même resté étranger à l'église chrétienne établie en Égypte, comme nous allons le prouver tout à l'heure.

Palladius (hist. Lousiac. chap. LII) en a fait mention, en donnant en ces termes une description générale de sa figure: „erat autem in uno illorum pagorum templum, magnitudine praestans, inque eo simulacrum non parum illustre. Statua vero erat ex ligno fabricata, eamque solenni pompa per pagos circumferebant impii sacerdotes, ceremoniam hanc sacram in honorem aquae niloticae peragentes." Le symbole sculpté en bois, fut, selon le terme employé par Palladius, une „statua", ce qui peut signifier ou une colonne de support ou ce que nous appelons une statue, représentant l'image de quelque divinité. Le choix entre ces deux significations n'est pas difficile. Remarquez seulement ce que Ruffin (Hist. eccles. liv. II. chap. 30) en a dit. „C'était la coutume en Égypte de porter la mesure de la crue du Nil au temple de Sarapis, comme pour ainsi dire à l'auteur de la crue de l'eau et de l'inondation."

C'est aussi pour cette raison, ajoute-t-il, qu'on prit l'habitude d'apporter cette même aune, c'est-à-dire le Nilomètre, qu'on appelle πῆχυς, à l'église du seigneur des eaux.

3. Il résulte deux choses de cette remarque importante. D'abord, ce qui nous intéresse pour le moment, c'est que la statue en question, qu'on promenait annuellement de ville en ville, était un Nilomètre appelé simplement πῆχυς c'est-à-dire aune.

Il n'est pas difficile de reconnaître ce symbole parmi le grand nombre d'objets du culte religieux des anciens Égyptiens. C'est la colonne singulière dont le piédestal est formé par une sorte d'autel, tandisque la partie supérieure consiste en quatre barres horizontales arrangées à l'instar d'une échelle. Cette figure qui dans les peintures et sculptures égyptiennes est parfois richement décorée, et, parfois, surmontée de la ligne d'eau ∿∿ (comme p. ex. sur le sarcophage d'Ānχ-hor au musée royal de Berlin) s'appelle dans les inscriptions dudu, mot que je mets en rapport avec les formes coptes ⲟⲩⲱⲧ statua, idolum, simulacrum, ⲟⲟⲧ† στήλη, columna. La figure répétée deux fois: sert en outre de verbe, exprimant, selon les traductions grecques des inscriptions bilingues, comme par exemple dans l'inscription de Rosette, l'idée de maintenir, établir, être établi ou stable. Au lieu du support, en forme d'autel, que nous venons de décrire, quelques exemples nous montrent le dieu Osiris „dans une forme toute barbare, portant le sceptre royal et le fouet, coiffé du Nilomètre qui, de son côté, est surmonté de la couronne d'Ammon ou Kneph." C'est ainsi que Mr. de Bunsen explique (Aegyptens Stelle in der Weltgeschichte, vol. I. p. 495) la singulière représentation reproduite sur la XIIIe planche du livre que nous venons de citer. Nous pouvons affirmer aujourd'hui hardiment que le dieu à la forme barbare est tout simplement Sérapis ou Sarapis dont le culte, aux temps des Ptolémées et des Romains, dominait toute l'Égypte.

4. Le symbolisme qui, selon la doctrine égyptienne, s'attachait au nilomètre fut en tout temps très-mystérieux. Les nombreux amulettes du , faits de toute sorte de matières: or, pierre dure, porcelaine, bois, cire, etc., qui accompagnent les différentes parties du corps des momies, et leur présence fréquente dans les mains des images de morts égyptiens, démontrent la haute importance des idées qu'on attachait à ce signe. Au rituel funéraire un chapitre entier, le 155e, est consacré au nilomètre. Il y est dit: dudu en nub menχ hir χot en nehat ertā er χeχ en χu „un nilomètre doré et fabriqué du coeur d'un sycomore (doit) être attaché au cou de

la momie." Dans le texte qui suit il est parlé de la date du nouvel an (𓉔𓂋𓏤 𓇳𓊪𓏏𓏤 haru n āpu ter „jour du commencement de l'année").

5. Le second renseignement qui résulte du passage cité de Ruffin, c'est que les Égyptiens, encore au temps de cet auteur, avaient coutume de porter la mesure en question au temple de Sérapis, et sous le règne des empereurs chrétiens, à l'église. Selon le témoignage de Socrate (Hist. eccles. liv. I. chap. 18) Constantin le Grand fut le premier souverain qui donnât l'ordre à l'archevêque d'Alexandrie de conduire la mesure en question à l'église chrétienne, au lieu de la porter au temple de Sérapis. Mais il n'en fut pas toujours ainsi, car Sozomène (liv. V. chap. 3) nous apprend que l'empereur Julien, voué au culte des païens, rétablit l'ancienne coutume de sorte que la mesure ou l'aune du Nil avec „les autres symboles" fut de nouveau portée au temple de Sérapis.

Quant à l'époque où avait lieu cette cérémonie, les savants n'ont encore pu franchir la limite des conjectures.

Nous préciserons plus bas la date de la cérémonie en question, après avoir exposé la nature des différents calendriers usités en Égypte.

§ 10. LE CALENDRIER ET L'ANNÉE ANTIQUE DES ÉGYPTIENS.

1. Auprès du calendrier alexandrin ($\kappa\alpha\tau$' $Ἀλεξανδρεῖς$), dont se servaient les habitants étrangers d'Alexandrie, et que les Coptes ou les Égyptiens devenus chrétiens ont adopté en lui faisant subir un changement quant au commencement de l'ère, il existait un autre calendrier dont se servaient les Égyptiens indigènes. C'est le calendrier des anciens Égyptiens que les inscriptions grecques trouvées en Égypte caractérisent par ces mots: $\kappa\alpha\tau$' $ἀρχαίους$ ou $\kappa\alpha\tau\grave{α}$ $τοὺς$ $ἀρχαίους$ „selon les anciens" ou $\kappa\alpha\tau$' $Αἰγυπτίους$ „selon les Égyptiens."

2. C'est ainsi p. ex. qu'une inscription grecque découverte à Guertassi en Nubie (voy. Corpus inscriptionum graec. N° 4,987) se termine par les mots: L $κβ$ $Φαρμουθὶ$ $ιζ$ $κατ$' $ἀρχαίους$. Dans un papyrus de nature astrologique, conservé à Paris, on rencontre la date: L $ι$ $Ἀντωνείνου$ $Καίσαρος$ $τοῦ$ $κυρίου$ $μηνὸς$ $Ἀδριανοῦ$ $η$ $κατὰ$ $δὲ$ $τοὺς$ $ἀρχαίους$ $Τυβὶ$ $ιη$ „l'an 10 d'Antonin etc. le 8 du mois Hadrianos qui correspond au 18 Tybi de l'ancien style." *)

---

*) Mr. Franz qui, dans le „Corpus inscriptionum" sous le numéro 4,736, a publié le texte dudit papyrus, a commis plusieurs erreurs dans la réduction de ces dates, qu'il met en rapport avec le calendrier vague. Le règne de l'empereur Antonin commence chronologiquement le 10 Juillet 138 après J.-C. Le 1er Thoth de la dixième année de son règne correspond au 18 Juillet de l'an 147 après J.-C. Le 18 Tybi de

3. Sans nous occuper ici des détails importants de la correspondance chronologique offerte par cette inscription grecque, il nous suffira pour à présent de savoir, que les Égyptiens avant l'époque alexandrine se servaient d'un calendrier qui, au temps alexandrin, fut affecté de l'épithète distinctive: d'après les anciens. Quel fut donc cet année d'après les anciens?

4. A cette question, c'est le père de l'histoire, Hérodote, qui répond en premier lieu. Dans le 4ᵉ chapitre du deuxième livre de ses histoires il raconte: „Ils (les prêtres d'Héliopolis) m'assuraient d'une voix unanime que les Égyptiens avaient inventé les premiers (la forme de) l'année en la divisant en douze parties. Ils disaient qu'ils étaient arrivés à cette connaissance par les (l'observation des) étoiles. D'après mon opinion ils agissent en cela beaucoup plus sagement que les Grecs qui de deux années l'une, intercalent un mois à cause des saisons. Les Égyptiens au contraire ajoutent, par an, à leurs douze mois, chacun de trente jours, encore cinq jours complémentaires, de manière que les saisons reviennent régulièrement."

5. On a remarqué dans ce passage important deux choses qui se contredisent. D'abord l'année fixe due aux observations astronomiques, où les saisons, comme Hérodote le dit expressément, reviennent toujours au même jour, et secondement la composition de cette année de 365 jours. Une année formée de 365 jours ne peut jamais être une année fixe, c'est l'année vague; d'un autre côté la remarque d'Hérodote que les saisons revenaient aux Égyptiens regulièrement aux mêmes termes, suppose de toute nécessité la connaissance et l'usage d'une année fixe. Il y a donc à cet endroit une contradiction que Mʳ. Ideler, dans son ouvrage sur la chronologie (Handbuch der mathematischen und technischen Chronologie, vol. I. p. 96) résout en faveur de l'année vague. Du moins cela résulte de sa remarque, que nous allons citer littérale-

---

l'ancien calendrier est donc le 2 Décembre. L'inscription indiquant le 8 Hadrianos comme date correspondante, il en résulte de toute nécessité que le 1ᵉʳ Hadrianos est égal au 25 Novembre = 29 Athyr alexandrin, date qui est antérieure de **deux jours au commencement du mois suivant Choiak.** Nous avons la pleine conviction que le mois appelé Hadrianos, en l'honneur de l'empereur Adrien, est identique avec le mois alexandrin Choiak, lequel reçut cette dénomination par suite de quelque événement politique ou tout simplement d'une flatterie de la part des Égyptiens. Mʳ. Franz s'est singulièrement trompé en établissant, dans l'ouvrage cité, les correspondances suivantes:
1) Le premier jour de la dixième année du règne d'Antonin = 17 Juillet 147 (au lieu du 18. du même mois).
2) Le premier Tybi = 14 Novembre (au lieu du 15 Novembre).
3) Le premier Hadrianos = 23 Novembre (au lieu du 25 du même mois).

Nous prouverons plus bas l'exactitude de la correspondance 18 Tybi = 8 Hadrianos c.-à-d. Choiak.

ment: „Herodot stand in dem Wahn, daſs das ägyptische Jahr ein festes Sonnenjahr sei." Mais nous demandons à nos lecteurs ce qui est le plus probable: de se tromper, surtout quand on ne connaissait que le calendrier et l'année lunaire comme Hérodote, de se tromper, dis-je, dans le nombre exacte des jours de l'année, ou de se tromper dans la notion du retour des saisons aux mêmes termes du calendrier? Nous autres, qui connaissons notre calendrier mieux qu'Hérodote le calendrier égyptien, nous parlons et écrivons même des 365 jours de l'année, sans faire grand cas des six heures qu'il faut ajouter pour rendre le compte exacte. Il nous paraît donc plus probable qu'Hérodote a réellement eu connaissance de l'existence d'une année fixe dont il n'a cité que très-généralement le nombre des jours, et que cette connaissance lui était transmise par les Égyptiens eux-mêmes.

6. La discussion sur l'existence d'une année fixe employée par les anciens Égyptiens, année dont tous les savants jusqu'à présent ont douté, en ne reconnaissant que le système d'une année vague, nous disons la discussion aura sa base la plus solide dans les dates monumentales. Or les recherches scientifiques même les plus scrupuleuses n'ont obtenu aucun résultat jusqu'à présent. Les savants qui se sont voués à l'investigation du calendrier, n'ont pu découvrir aucune indice d'une année fixe en usage sur les monuments, et c'était ainsi qu'ils rapportaient les nombreuses dates consignées dans les monuments égyptiens, à l'année vague. Cependant nous allons prouver plus bas qu'il existe des monuments, appartenant à toutes les époques de l'histoire égyptienne, qui nous ont conservé fidèlement le souvenir de l'année fixe des anciens Égyptiens, sans que personne jusqu'à présent en ait tiré le moindre profit pour éclaircir la question dont il s'agit.

7. Il y a, p. ex., à Esneh, une longue inscription sculptée en caractères de la basse-époque et contenant une foule de dates calendriques arrangées en ordre successif des mois de l'année égyptienne. Le tout est un calendrier religieux faisant connaître les jours de fêtes célébrés anciennement à Esneh (Latopolis) et dans les sanctuaires du voisinage de cette ville. Nous ferons connaître, plus bas, au lecteur le texte du calendrier entier; pour à présent nous nous contentons d'attirer l'attention sur trois dates se rapportant chacune au commencement d'une année. La première est ainsi conçue:

𓐍𓐍𓐍 = „le premier jour du mois Thoth, au commence-„ment, deux fois bon, de l'année (on célèbre) la panégyrie d'Amon *) (et) „la panégyrie du dieu Chnoum."

---

*) Le signe 𓐍, inconnu jusqu'ici, est une variante très-curieuse du nom d'Amon

La deuxième date, se rapportant au neuvième jour de ce même mois, est ainsi rédigée:

○ | ⊖ | ⌣ | ⌢ | ⌣ | 𓀀𓏏 | 𓋹 | 𓆓𓏏𓀀 ⋮

jour | neuvième | panégyrie | d'Amon | panégyrie | de Rā | panégyrie du nouvel an | des anciens.

„le neuf (du mois de Thoth): panégyrie d'Amon, panégyrie de Rā (et) panégyrie „du nouvel an des anciens." Comme cette dernière expression répond exactement à la phrase κατὰ τοὺς ἀρχαίους citée plus haut pag. 17 suiv., il faut examiner soigneusement l'équivalent hiéroglyphique.

8. Le groupe, que nous traduisons „les anciens", n'est pas rare dans les inscriptions. Il s'y présente le plus fréquemment sous la forme 𓂝𓊪 𓂝𓊪𓀀, 𓂝𓊪𓀀 āpuā, en copte ⲀⲠⲎⲦⲈ, ⲀⲠⲎⲞⲦ, ⲀⲪⲎⲞⲦⲒ capita, principes, magnates, du radical 𓂝𓊪 āpu, en copte ⲀⲠⲈ, ⲀⲠⲎ, ⲀⲪⲈ caput, princeps, primus. Hiéroglyphiquement on y désigne principalement les ancêtres, majores. C'est ainsi que le passage suivant de l'inscription de Rosette lign. 3 du texte hiéroglyphique:

em-haru-r | ár-snu | án | āpuā-u
plus que | ont été faits | par | les ancêtres

est rendu en grec (part. grecq. lign. 31) par: πολὺ κρεῖσσον τῶν πρὸ αὐτοῦ βασιλέων φροντίζων etc.

Dans un passage de l'inscription de l'obélisque Barberini déchiffré et expliqué déjà par notre ami Mʳ. Mariette (Sur la mère d'Apis, pag. 12, voir la note), on dit: „(l'empereur Adrien) a fait exécuter en pierre blanche et bonne des „sphinx; il l'a entouré (le tombeau d'Antinoüs) de statues et de colonnes nom-„breuses, comme il était l'habitude des ancêtres auparavant (𓂝𓊪 𓂝𓊪𓀀), comme il était l'habitude des Grecs, comme il est l'habitude des „divins seigneurs (les Romains)."

Dans une inscription à Philae relative au don du Dodekaschoinos situé entre la ville de Syène et l'île de Takompso, il est dit que cela a été fait:

maá | ár-n | suten-u | āpuā-u | ás-u
comme | ont fait | les rois | ancêtres | les vénérables.

Dans le calendrier d'Esné même ce groupe se rencontre tout au commence-

---

écrit généralement 𓊪𓏏𓀀. Dans les inscriptions du temple de Médinet-Abu (époque Ptolémaïque) j'ai rencontré à plusieurs reprises 𓂋𓀀 pour le nom d'Amon.

ment. Il y est dit, après les mots: „Voici la liste des panégyries de Latopolis etc.
„du premier jusqu'au dernier des dieux — [hieroglyphs] her θe-n-āpuā-u —
„et des ancêtres."

9. Nous n'avons pas besoin de corroborer et de certifier la signification proposée du mot hiéroglyphique en question, par d'autres exemples. Les égyptologues qui se sont occupés d'étudier le groupe que nous venons d'examiner, n'ont émis aucune opinion différente de notre traduction. Il s'agit seulement de préciser l'élément phonétique [hiero], qui dans l'inscription d'Esneh précède le mot [hiero] et qui en fait une partie inséparable. La lettre [hiero] munie tantôt d'un [hiero] : [hiero], tantôt d'un [hiero] accompagné de la petite ligne verticale | : [hiero], signifie à ce qu'on sait aujourd'hui le corps d'une personne et puis la personne elle-même. Des exemples de cela abondent. Quelquefois le signe [hiero] est augmenté des signes [hiero] ou simplement du signe [hiero] sans que je puisse en déterminer le rôle particulier. C'est ainsi p. ex. qu'on rencontre dans une longue bande hiéroglyphique à Esneh la phrase suivante

| *s-men-f* | *hapu-u* | *nu* | *θe-u* | *maā Taud* |
| il a établi | les lois | aux | hommes | comme Thoth |

(Brugsch, Monum. de l'Égypte, pl. IV, 2a. C'est entre autre le titre d'un empereur romain, rappelant ce passage de l'inscription de Rosette, texte grec. lign. 19: τὸ δίκαιον πᾶσιν ἀπένειμεν καθάπερ Ἑρμῆς.)

10. La dénomination de „l'année des anciens" fut-elle connue au monde classique? On devait le croire d'après un passage bien connu du Commentaire aux Phaenomena d'Arate. En voici les paroles: „In templo Apidis Memphi mos „fuit solis regio decorari reges, qui regnabant. Ibi enim sacris initiabantur „primum, ut dicitur, reges, satis religiose truncati: et Iamo, quem Apim ap„pellant, jugum portare fas erat, — — et per vicum unum deduci. Deducitur „autem a sacerdote Isidis in locum qui nominatur ἄδυτος, et jurejurando ad„igitur, neque mensem, neque diem intercalandum, quem in festum „diem immutarent, sed CCCLXV dies peracturos, **sicut institutum est „ab antiquis.**" Les dernières paroles sont extrêmement précieuses; elles donnent la certitude de l'existence d'une année antique et en définissent la nature. L'année antique, selon l'explication donnée par l'auteur du commentaire, se composait donc de 365 jours et formait de cette manière une année vague qui exclut toute présence d'un jour intercalaire après la quatrième année (année bissextile).

11. Sans m'arrêter plus longtemps, je passe immédiatement à la troisième date d'un nouvel an consigné sous le 26 Paoni du même calendrier. La voici:

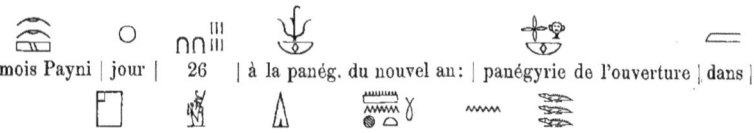

mois Payni | jour | 26 | à la panég. du nouvel an: | panégyrie de l'ouverture | dans | le temple | du dieu | à donner | les vêtements | aux | crocodiles (divins).

Nous voilà donc en présence de trois commencements de l'an égyptien dans le même calendrier fixé pour une certaine année de l'histoire d'Égypte à l'époque romaine! Il y a un nouvel an le premier Thoth, un nouvel an κατὰ τοὺς ἀρχαίος le neuvième Thoth, et un troisième nouvel an le 26 Payni.

12. D'après M^r. Lepsius, qui a publié le calendrier entier dans les „Denkmäler" Part. IV, pl. 78 a et b, l'inscription en question serait rédigée sous le règne de l'empereur Claude. Nous ignorons les raisons qui ont déterminé le savant académicien à attribuer l'origine du calendrier en question à l'empereur Claude, n'ayant pu découvrir aucune trace de nom propre royal ni dans le calendrier lui-même ni dans les inscriptions avoisinées.

13. Après avoir démontré l'existence d'une triple année, au temps des empereurs, dont l'une — celle qui commençait selon le dire du calendrier d'Esneh, huit jours après le premier Thoth, — fut surnommée: année des ancêtres; nous nous reportons plus de deux mille ans au-delà, en fixant l'attention sur les dates calendriques des tombeaux de Memphis appartenant aux plus anciennes dynasties de l'histoire d'Égypte. Ces textes, dont nous allons parler tout de suite, se sont conservés dans une foule d'inscriptions funéraires sculptées au-dessus des entrées et sur les parois de l'intérieur desdits tombeaux. Quoique les légendes hiéroglyphiques, très-précieuses à cause de leur âge, ne contiennent que l'énumération de listes plus ou moins étendues de fêtes calendriques et religieuses de l'année égyptienne sans aucune mention de la date précise, elles deviennent néanmoins extrêmement importantes par la position variable de quelques-unes de ces fêtes dans l'ordre généralement adopté et par la place fixe qu'elles occupent au milieu des panégyries religieuses qui les entourent.

Nous présentons aux lecteurs dans l'appendice sous le N^o I la collection d'un nombre de ces listes, pour les mettre en état de juger eux-mêmes et de porter leur attention sur l'existence et la place variable d'une double année qui remonte jusqu'aux constructeurs des grandes pyramides de Memphis et dont les monuments des temps postérieurs nous permettent de constater la connaissance et l'usage pour le besoin de la vie religieuse et civile.

PREMIER TABLEAU des fêtes funéraires du calendrier sacré des anciens Égyptiens.

N°	Comm. de l'année	pan. de Thoth	nouvel an	pan. de Uag	grande pan. de Sokar	incendie grande	incendie petite	holocauste	apparition de Min	mois de Saθ	premier du mois	premier de la quinzaine	toutes les (autres) pan.
4	....	....	....	id.	id.	id.	....	....	apparition	....	id.	id.	....
9	id.	id.	id.	id.	id.	id.	....	....	id.	id.	id.	id.	id.
10	id.	id.	id.	id.	id.	id.	....	....	....	....	....	....	id.
12	id.	id.	id.	id.	id.	id.	....	apparition de Min	holocauste	....	id.	id.	id.
13	....	....	....	id.	id.	id.	....	holocauste	apparition de Min	id.	....	....	....
14	....	id.	id.	id.	id.	....		....	....	....	....	....	id.
15	id.	id.	id.	id.	id.	....		....	id.	....	....	....	id.
16	id.	id.	id.	id.	id.	id.	....	id.	id.	id.	id.	id.	id.
17	id.	id.	id.	id.	id.	id.	....	id.	id.	id.	....	....	id.
18	id.	id.	id.	id.	id.	id.	....	....	....	....	....	....	id.
20	id.	id.	id.	id.	id.	id.	....	id.	....	id.	id.	id.	id.
23	id.	id.	id.	id.	id.	id.	....	....	....	....	....	....	id.
24	id.	id.	id.	id.	id.	id.	....	....	id.	....	....	....	id.
25	id.	id.	id.	id.	id.	....		....	....	....	....	....	id.
26	id.	id.	id.	id.	id.	....		....	....	....	....	....	....
40	id.	nouvel an	pan. de Thoth	id.	id.	....		....	id.	id.	....	....	....
41	id.	pan. de Thoth	nouvel an	id.	....	....		....	....	....	....	....	....
42	id.	id.	id.	id.	id.	....		....	id.	id.	....	....	....
43	id.	id.	id.	id.	....	....		....	....	....	....	....	id.
44	id.	id.	id.	id.	....	....		....	....	....	id.	id.	id.

DEUXIÈME TABLEAU
des fêtes funéraires du calendrier sacré des anciens Égyptiens.

Nº	pan. de la néoménie	pan. du II.	pan. du VI.	pau. du XV.	pan. de Ūag	pan. de Thoth	grande apparition (d'Osiris)	grande pau. de Sokar	apparition de Min	apparition de Sothis	pan. de la grande petite incendie		holocauste	fête de Saḥ	nouvel an	comm. de l'année	toutes les panégyries
30	....	1. id.	....	2 id.	3. id.	4. id.	....	....	....	....	....	....	....	....	....	....	....
31	....	1. id.	....	2. id.	3. id.	4. id.	....	5. id.	6. id.	....	....	....	....	....	7. id.	8. id.	9. ?
32	....	....	....	....	1. id.	2. id.	....	....	3. id.	....	....	....	4. id.	....	....	....	....
33	....	....	....	....	1. id.	2. id	....	....	....	....	3. id.	....	....	....	4. id.	....	5. id.
34	....	1. id.	....	2. id.	....	3. id.	....	4. id.	5. id.	....	6. id.	....	7. id	....	....	....	8. id.
36	....	....	....	....	1. id.	2. id.	....	....	....	....	3. id.	....	....	....	4. id.	....	....
37	1. id.	2. id	3. id.	4. id.	5 id	6. id.	7. id.	....	....	8. id.	9. id.	10. id.	....	....	....	....	11. pan₃ de χetu-γaui, 12. de Sepu-atelu, 13. t. l. p.
38	1. id.	2. id.	3. id.	4. id.	5. id.	6. id.	7. id.	....	....	8. id.	9. id.	10. id.	....	....	....	....	....
39	....	1. id.	....	2. id.	3 id	4. id.	[8. id.!]	5. id.	....	....	6. id.	....	7. id.	....	....	....	9. t. l. p.
47	....	1. id.	2. id.	3. id.	4. id.	5. id.	6. id.	....	....	7. id.	8. id.	9. id.	....	....	....	....	comme le Nº 37.
48	....	1. id.	....	2. id.	3. id.	4. id.	naissance 5. id.	6. id.	....	....	....	....	....	....	....	....	7. id.
49	....	....	....	1. id.	2. id.	....	....	3. id.	4. id.	5. id.	....	....	....	....	6. id.	....	7. id.
50	....	1. id.	....	2. id.	3. id.	4. id.	....	5. id.	6. id.	7. commencement des saisons	id.	....	id.	....	....	....	....

TROISIÈME TABLEAU.

Nº	Comm. de l'année	nouvel an	pan. de Thoth	pan. de Ūag	pan. du II.	pan. du XV.	incendie	apparition de Min	pan. de l'holocauste			
5	1. id.	2. id.	3. id.	4. id.	(5. id.)	(6. id.)	....	....	....	....	....	5. toutes les pan. à la fête du II. et du XV. 5. id.
11	1. id.	2. id.	3. id.	4. id.	(5. id.)	(6. id.)	....	....	....	....	....	
21	....	....	1. id.	2. id.	3. id.	4. id.	5. id.	6. id.	7. id.	....	....	....
22	1. id.	....	2. id.	3. id.	....	....	....	....	....	4. pan. du nouvel an	5. pan. du com. des saisons	toutes les pan.
28	1. id.	2. id.	3. incendie	4. id.	5. id.	....	....	....	....	....	....	....
29	1. id.	2. id.	....	3. id.	....	....	4. id.	....	....	....	....	5 grande pan. de Sokar
46	4 nouvel an	5. an. astron.	6. id.	7. id.	8. la grande panégyrie	9. id.	10. id.	....	....	....	....	....
35	1. id.	2. id.	[3. grande année]	[4. petite année]	[5. fin de l'année]	6. idem	7. grande et 8. petite	[9. 5 épagomènes]	[10. Šef-tāsā]	11. pan. des 12 II.	12. pan. des 12 XV.	13. id.
2	....	....	....	1. id.	2. id.	3. la panégyrie de Saθ	....	4. id.	....	pan. du II.	pan. du XV.	id.	....

QUATRIÈME TABLEAU.

Nº	pan. de Ūag	pan. de Thoth	nouvel an	comm. de l'an.	grande pan.	appar. de Min	fête de Saθ	incendie	holocauste	premier du mois	premier du XV.	premier de chaque X.	toutes les pan.
1	1. id.	2. id.	....	....	....	....	....	....	....	3. id.	4. id.	5. id.	6. id.
7	1. id.	2. id.	3. id.	4. id.	5. id.	6. id.	7. id.	8. id.	9. id.	10. id.	11. id.	....	12. id.

14. Ces tableaux I, II, III et IV sont dressés sur les indications des listes monumentales. Ils feront voir:
1) que les Égyptiens avaient connaissance et usage d'une double année, et
2) que les fêtes se rapportant à ces deux années variaient, quant à leur place relative, selon les calculs astronomiques dont on a ignoré, malheureusement, le système et les bases.

Ces deux années sont indiqués, dans l'écriture monumentale, l'une par le groupe 𓊹𓏺 et les variantes, l'autre par les signes combinés 𓇳𓏺 et les variantes. Les savants qui se sont occupés de l'étude de ces deux groupes, les ont interprétés également tous les deux par „commencement de l'année, nouvel an." Mr. Lepsius comprend le groupe 𓊹𓏺 du premier Thoth, le groupe 𓇳𓏺 du commencement de l'année solaire au lever de l'étoile Sirius.*) Mais alors comment ce savant n'a-t-il pu remarquer que l'inscription tirée du sarcophage d'un certain Petisis (à Berlin) et citée par lui-même dans sa Chronologie pag. 132 nomme la déesse Isis-Sothis 𓈋𓇼𓃭𓂝𓎼𓊹𓏺 **) „Sothis la grande maîtresse du premier de l'année vague?" Il y a là une erreur de la part de Mr. Lepsius que nous ne nous sentons par la force de résoudre. Mr. de Rougé, de son côté, est porté à croire (voy. son Mém. sur quelques phén. cél. p. 20, la note 30) que 𓇳𓏺 désigne le commencement de l'année vague, en comprenant ainsi l'autre groupe 𓊹𓏺 du commencement de l'année naturelle.

15. Quoique l'explication de **nouvel an** proposée pour le groupe 𓊹𓏺 soit généralement admise jusqu'à présent, il y a cependant une remarque bien importante à faire, qui a échappé, à ce qui semble, à la perspicacité des égyptologues les plus versés dans le déchiffrement hiéroglyphique. La combinaison 𓊹𓏺 se décompose dans les deux éléments 𓊹 et 𓏺, dont le premier signifie **primus**, l'autre **annus**. Jamais on ne découvre dans les textes sacrés pour le caractère bien connu 𓊹 le sens de **commencement**, qui résulte nécessairement de l'interprétation „commencement de l'an, nouvel an" adoptée pour le groupe 𓊹𓏺. C'est ainsi, par exemple, que dans la série des douze mois de l'année égyptienne 𓊹𓈗, 𓊹𓈌, 𓊹𓈙 ne signifie pas, le commencement du mois de l'inondation, de l'hiver et de l'été, mais seulement „le premier mois de l'inondation, de l'hiver, de l'été." C'est ainsi également que dans cette

---

*) Voy. Einleitung in die Chronologie der Aegypter, I, p. 154 en bas.

**) au lieu du signe 𓃭 la copie de Mr. Lepsius porte 𓃭, sans doute par suite d'une faute d'impression, l'original n'ayant que le signe 𓃭.

date d'une inscription de Hamamât: 〈hieroglyphs〉 (voy. Denkm. II, 115 f.) ne se lit pas „au commencement de l'an, le 2 Choiak" mais seulement: „l'année première, le 2 Choiak." Je n'ai pas besoin de citer d'autres exemples en faveur de la traduction primus, le lecteur en trouvera dans la grammaire de Champollion (pag. 242) et dans les inscriptions de toutes les époques. Suivant la remarque que nous venons de soumettre au jugement de nos confrères en égyptologie, 〈hier.〉 signifierait donc, non pas initium anni, mais bien primus annus, de sorte qu'il s'agirait de la première année d'une certaine série, d'un cycle d'années.*) Ce qui achève la démonstration que nous venons de faire quant à l'interprétation „primus annus" pour 〈hier.〉, c'est que dans plusieurs inscriptions du temps de la douzième dynastie les groupes 〈hier.〉, 〈hier.〉, 〈hier.〉, 〈hier.〉, 〈hier.〉 sont remplacés par 〈hier.〉, 〈hier.〉 (voy. p. ex. Denkmäler II, pl. 112 et 113), ce qui signifie, a l'égal d'autres compositions (premier jour, première heure etc.), „fête de la première année." La comparaison entre 〈hier.〉 et 〈hier.〉 est importante, car elle nous servira de guide pour expliquer le groupe 〈hier.〉 si fréquent sur les monuments, mais resté si obscur jusqu'à présent. Notons encore une circonstance qui contribue à confirmer cette interprétation, c'est que dans l'inscription funéraire de Beni-Hassan citée par Mr. Lepsius (Chronologie p. 154) il y avait aussi, conformément à la première année, une dernière année, exprimée hiéroglyphiquement par le groupe 〈hier.〉 ārk ter-t. Le mot ārk s'est conservé en copte sous les formes ⲀⲢⲎⲨ, ⲀⲢⲎⲎⲨ et ⲀⲦⲢⲎⲨ ἄκρον, extremum, extremitas, terminus, et se retrouve bien fréquemment dans les dates de jours, pour indiquer le dernier, c'est-à-dire le trentième jour d'un mois. Si nous adoptions la traduction „fin de l'année" proposée par Mr. Lepsius pour le groupe en question, il serait très-difficile de s'expliquer comment, dans l'inscription précitée de Beni-Hassan, la fête des cinq jours complémentaires, la fin de l'année égyptienne, pouvait être relatée comme une fête particulière à côté d'une autre de la même nature, et, philologiquement, comment il est permis — et seulement

---

*) Le seul savant qui ait tenu compte de cette circonstance, est Mr. Poole. Dans son livre intitulé: „Horae Aegyptiacae" (London: 1851. p. 20) il a fait la même observation que je viens de faire au sujet de la traduction première année au lieu de commencement de l'année. Mr. de Rougé ne pense pas comme nous à cet égard, mais ce qu'il a objecté à la remarque de Mr. Poole quant à l'explication du groupe en question (Mémoire sur quelques phénomènes célestes p. 12), ne me paraît pas suffisant pour résoudre la difficulté philologique.

permis de traduire dernier jour au lieu de „fin du jour" le groupe hiéroplyphique ⟨hieroglyph⟩ qui désigne le dernier jour ou le trentième du mois.

Or en adoptant les traductions „première année et dernière année" pour les groupes hiéroglyphiques qu'on a lus jusqu'à présent „nouvel an" et „fin de l'année", il reste à savoir quelle fut ce cycle dont l'inscription de la douzième dynastie nous fait connaître la première et la dernière année.

16. M^r. Lepsius a fait la bonne remarque tirée de l'examen des anciens*), que les Égyptiens avaient dû connaître la période embolismique de quatre ans (die vierjährige Schaltperiode). En réfutant l'opinion de M^r. Ideler là-dessus, il fait voir 1) que d'après Strabon (XVII. p. 816 Casaub.) les Égyptiens se servirent dans leur système calendrique d'une période embolismique composée de quatre années; 2) que dans deux passages dans l'ouvrage de Horapollon il est question d'un jour intercalé tous les quatre ans — $\delta\iota\grave{\alpha}\ \tau\varepsilon\tau\varrho\alpha\varepsilon\tau\eta\varrho\iota\delta o\varsigma$ —, et de l'année ($\check{\varepsilon}\tau o\varsigma$) égyptienne composée de quatre ans ($\tau\varepsilon\tau\tau\acute{\alpha}\varrho\omega\nu\ \grave{\varepsilon}\nu\iota\alpha\upsilon\tau\tilde{\omega}\nu$); 3) que d'après Dio Cassius (Hist. XLIII, 26. p. 360) César, pendant son séjour à Alexandrie, apprit la nouvelle forme de l'année et que lui aussi ($\kappa\alpha\grave{\iota}\ \alpha\grave{\upsilon}\tau\grave{o}\varsigma$) intercala le jour complémentaire tous les quatre ans; 4) que Pline (Hist. nat. II, 48) rapporte que l'astronome Eudoxe avait établi un lustre quadriennal dans lequel non seulement les vents, mais aussi les mêmes saisons revenaient aux mêmes termes et dont le commencement était signalé par le lever de l'étoile Sothis.

17. En combinant ces passages entre eux et en les appliquant aux notions monumentales, il devient de prime-abord extrêmement probable:

1° que l'année des Égyptiens composée de 365 jours commençait dès les temps les plus anciens avec le lever de Sirius et avec le commencement de la crue du Nil.

2° que, après le nombre de quatre années, les Égyptiens intercalaient un jour complémentaire, de sorte que l'an alors bissextile se composait de 366 jours,

3° que le nombre de quatre années formait un cycle périodique,

4° que l'entrée de la première année de ce cycle ainsi que celle de là dernière était regardée comme des événements en rapport avec la religion et le culte de manière qu'on leur consacrait des fêtes particulières.

18. Ce sont des réflexions et des conséquences que nous en avons tirées, en supposant au groupe ⟨hieroglyph⟩ la valeur de „première année." Toutefois il est à

---

*) Einleitung pag. 152 suiv.

remarquer qu'il y aurait une grave circonstance qui s'opposerait à ce système que nous venons de discuter, si dans les listes de fêtes funéraires dans les tombeaux la fête du lever de Sothis était marquée auprès de la fête de 𓊹𓏏 et de la fête de 𓇳. Car alors le commencement ni de l'une ni de l'autre année ne serait en rapport intime avec le lever de cette étoile. Parmi le nombre de cinq listes que nous avons pu étudier et comparer entre elles, il y en a quatre (voy. les numéros 37, 38, 47 et 49) qui font mention du lever de Sothis, sans rapporter le commencement de l'an 𓇳 et ce n'est que la liste N° 49 qui, après la citation de la fête du lever de Sothis, fait connaître le groupe 𓊹𓏏. D'après cet exemple il paraîtrait que la fête du lever de Sothis et de 𓇳 était identique, et en effet cela résulterait d'un autre côté par ce texte du temple de Ramsès II à Gourneh, que j'ai publié, avec la rectification due à une inspection réitérée, dans mon Histoire d'Égypte vol. I. pag. 162. On y lit:

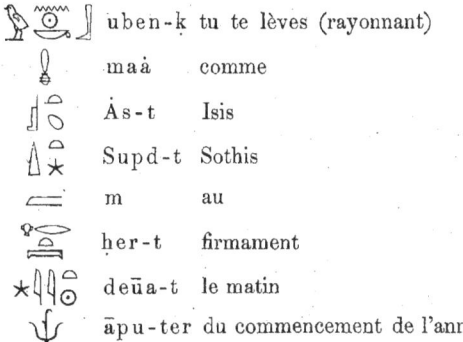

uben-k   tu te lèves (rayonnant)
maà   comme
Ȧs-t   Isis
Supd-t   Sothis
m   au
her-t   firmament
deūa-t   le matin
āpu-ter   du commencement de l'année.

19. En face de ce témoignage monumentale de l'époque de Ramsès le lecteur doit être surpris de l'assertion suivante dans la dissertation de M^r. Biot (p. 39): „Quant à une association permanente, soit réelle soit symbolique, de Sirius avec le premier mois de l'année vague, on n'en trouve aucun indice dans les documents des anciennes époques; — — l'idée en a pris naissance dans les systèmes astrologiques des écrivains du temps des empereurs, Porphyre, par exemple, et Vettius Valens, qui considéraient Sirius comme le dominateur de l'année etc." Nous croyons au contraire que l'inscription citée du temps de Ramsès II est assez importante pour démontrer l'erreur commise par M^r. Biot faute de meilleure connaissance des dates monumentales.

Peut-être que M^r. Biot a été induit à son opinion contradictoire sur la connexion de la déesse Sothis avec le commencement de l'année par une remarque de M^r. de Rougé que ce savant a ajoutée sous la forme d'une note à la page 38 de l'article de M^r. Biot et que voici. „La déesse Techi, protectrice „du mois Thoth, porte sur sa tête deux longues plumes droites. C'est là „l'unique analogie qu'elle présente avec la déesse Isis-Sothis qui, au Rames-„seum, est représentée debout dans sa barque avec une coiffure semblable." Mais le rapport établi entre Sothis et le mois Thoth ne résulte pas de la ressemblance des noms, mais **de la place** que la déesse Sothis occupe, au Ramesseum, dans le tableau des douze mois. Elle s'y trouve justement dans le régistre du mois Thoth ce qui démontre le plus clairement son rôle comme présidente de l'année.

20. Pour ne rien oublier qui puisse contribuer à mettre en évidence le rapport intime qui existe entre le lever de l'étoile Sothis et le commencement de l'année, nous citerons une inscription (époque romaine) de Philae, dans laquelle Sothis et le nouvel an se joignent à l'entrée de la crue du Nil. La voici d'après ma copie prise sur les lieux:

	neter-Supd-t	la divine Sothis
	āa-t	la grande
	neb	la régente
	āpu*)	du commencement
	ter-t	de l'année
	seti	qui fait monter
	(ḥāpu)	le Nil
	r	à
	....-f	son époque

21. Un autre exemple extrêmement curieux et instructif se rencontre dans les Denkmäler IV, 69, a. Il y est dit du dieu Horus:

---

*) Il est connu que les signes ⊙ et ⋁, tous les deux signifiant le commencement, se remplacent mutuellement dans les textes de toutes les époques.

31

	kam	il a créé
	Supd-t	l'étoile Sothis
	m	au
	ḥer	ciel
	(bes)	qui fait arriver
	n	
	s-ur	l'abondance de l'eau
	r	pour
	āuḥ	inonder
	χu	la terre.

22. Que l'expression „à son époque" est en intime rapport avec le nouvel an, voilà ce qui est prouvé par une autre inscription de Philae où le Nil est qualifié de la manière suivante:

	īu	venant
	r	à
	ter-f	son temps
	mes	né
	r	à
	nu-f	son époque
	renp	rajeunissant
	ḫā-u-f	ses membres (c.-à-d. lui-même)
	āpu	au commencement
	ter	de l'année.

23. Le résultat qu'il est permis de regarder comme la conséquence nécessaire des données épigraphiques jusqu'ici, est donc celui-ci:

1) Avec la supposition que le groupe désigne „la première année", es anciens Égyptiens se servaient d'un cycle de quatre années dont le com-

mencement, c'est-à-dire le jour du nouvel an qui suivait immédiatement le 366ᵉ jour de l'année bissextile, était fixé au lever du Sirius vers l'époque de la crue du Nil.

2) Avec la supposition que le groupe 𓊽𓏏 signifie „le nouvel an", les anciens Égyptiens se servaient a) d'une année fixe de 365¹/₄ jours dont le commencement coïncidait avec le lever de Sirius et l'entrée de la crue du Nil; ou b) d'une année vague dont le 𓊽𓏏 ou le premier jour était consacré à la déesse Isis-Sothis, qui était généralement censée être la régente de l'année. La déesse astronomique de l'année fixe serait alors changée mythologiquement en déesse régente de l'année vague.

24. Nous appelons cette dernière année vague à l'exemple des savants qui ont discuté avant nous le système du calendrier égyptien. Nous n'en savons rien jusqu'à présent, mais nous savons, que les monuments affirment positivement, qu'il y avait dans l'Égypte antique une année fixe commençant quand l'étoile Sirius se leva héliaquement à l'aube du jour. Par un hazard très-heureux, à ce que nous en disent les chronologues, ce lever avait lieu pendant un espace de temps qui embrasse la plus grande partie de l'histoire d'Égypte, le 20 Juillet. Donc le premier Thoth de l'année fixe équivaut au 20 Juillet. Si les anciens Égyptiens avaient noté leurs dates à l'aide du calendrier fixe, il faudrait partout attendre absolument le premier Thoth comme la date invariable du lever de Sirius. Or comme les monuments nous ont fait connaître jusqu'à présent une date bien loin du premier Thoth pour un tel lever, il en résulte qu'il y avait pour l'usage civil un autre calendrier, dont le système devait présenter des différences notables de l'année fixe, dont nous venons de connaître le commencement. On a appelé ce calendrier vague, en le mettant en rapport avec la période sothiaque si connue et si souvent discutée. La date la moins douteuse d'un lever de Sothis qui soit rapportée sur les monuments, se trouve gravée sur les fragments d'un édifice érigé anciennement sur l'île d'Éléphantine par le pharaon Thothmosis III en l'honneur du dieu Chnoum des cataractes. La voici:

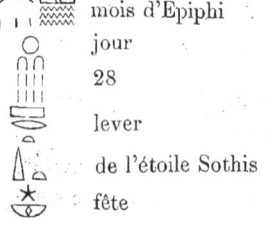

mois d'Epiphi
jour
28
lever
de l'étoile Sothis
fête

c'est-à-dire: „le 28 Epiphi à la fête du „lever de l'étoile Sirius."

En partageant l'opinion des savants qui ne reconnaissent sur les monuments que des dates de l'année vague, il faut regretter naturellement avec l'auteur de la chronologie que cette date ne soit pas d'accord avec les suppositions du calcul historique fondées sur la place de ce roi dans les listes manéthoniennes. Mr. Lepsius se tire d'embarras en supposant à la date une erreur du sculpteur. Mr. de Rougé a déjà réprimandé le savant auteur de la chronologie, d'envisager de cette façon les monuments, en remarquant que ce n'est pas ainsi qu'on peut lever une difficulté de cette gravité.

25. Cependant en écartant chaque idée de l'existence d'une année vague, l'équivalence „lever de Sothis le 28 Epiphi = 20 Juillet" fait supposer une année commençant le 25 Août. Car en remontant on voit que

le 1 Epiphi = 23 Juin
le 1 Thoth = 27 Août.

Mais comme cette date, 1 Thoth = 27 Août, est trop près de l'année alexandrine commençant le 29 (ou le 30) Août, il s'agit d'examiner si l'année alexandrine n'était pas en usage déjà dans l'Égypte antique. C'est une question très-grave à étudier. Nous nous bornons pour à présent à y fixer l'attention de nos lecteurs.

26. Nous terminons cet article sur l'année égyptienne par une observation philologique. Mr. de Rougé et d'autres savants qui le suivent, transcrivent le signe bien connu pour l'an ⸦ par renpi, mot qui rappelle à l'instant les dérivés coptes ⲣⲟⲙⲡⲓ, ⲣⲁⲙⲡⲓ, ⲣⲏⲡⲉ, ⲗⲁⲙⲡⲓ, tous signifiant annus. Nous ne pouvons pas partager cette opinion, vu que le mot hiéroglyphique r-n-p (voy. par ex. Todtenbuch chap. 136, col. 4) ou, par abréviation (en voy. un exemple à la page 31. § 22), est un verbe n'ayant que le sens de se rajeunir, se renouveler. Sans vouloir nier que le mot copte ⲣⲟⲙⲡⲓ année n'en soit un dérivé très-naturel, nous doutons cependant que ce fût pour les temps antiques de la langue égyptienne le mot correspondant. Le signe ⸦ ne peut rien ajouter à la question, par la raison que le caractère de l'an ⸦ sert de signe déterminatif à toutes les idées qui se rapportent aux renouvellements périodiques. Mais il y a un autre mot, déterminé par le même signe ⸦, et, en outre, par le disque solaire, qui me paraît contenir le véritable phonétique pour l'an. C'est le mot bien connu terà ou ter*) qu'on rencontre si fréquemment dans les inscriptions. J'ignore son sens primitif, mais on sait qu'il signifie l'an aussi bien que la saison et même le temps, le moment, en général.

---

*) Ce mot, ou plutôt son signe symbolique ⸦, est affecté, sur les monuments, des marques du genre féminin. Nous l'avons rencontré, p. ex. a Esneh, dans cette légende: em haru pen m (abod) pen em (ter) ten „à ce jour, à ce mois, à cet an."

§ 11. DIVISION DE L'ANNÉE CHEZ LES ANCIENS ÉGYPTIENS.

1. Dès Champollion le jeune on est parfaitement d'accord au sujet de la division de l'année des anciens Égyptiens, laquelle se composait de trois saisons, dont voici les formes principales, avec l'interprétation proposée par Champollion:

1) [hiér.], [hiér.] „la tétraménie de la végétation"
2) [hiér.], [hiér.] „la tétraménie de la récolte"
3) [hiér.], [hiér.], [hiér.], [hiér.], [hiér.] „la tétraménie de l'inondation."

Dans mes „Nouvelles recherches" j'avais entrepris de prouver qu'il y avait ici erreur de la part de l'illustre hiérogrammate français, et que les études comparatives nous forçaient plutôt à établir la lecture et l'interprétation suivante:

[hiér.] ša, saison de l'inondation, en arabe النيل „le Nil".

[hiér.] per, saison de l'hiver, en copte пρο, ϥρω, en arabe الشتا „l'hiver".

[hiér.] šemu, saison de l'été, en copte ϣωμ, en arabe الصيف „l'été".

2. Cette explication, fondée uniquement sur des preuves philologiques, a l'avantage d'être en harmonie avec les noms coptes des saisons principales de l'hiver et de l'été, et surtout de s'accorder avec les phénomènes périodiques de l'année en Égypte. L'année de Champollion commence avec le neuvième mois de l'année, le premier de son inondation, contre le témoignage unanime des monuments, tandisque la première saison, selon notre interprétation, est celle de l'inondation comme il est attesté par les inscriptions.*) L'année de Champollion supposerait un changement bien brusque du calendrier nominal en regard aux phénomènes de la nature du pays. On sait que M^r. Biot, sur l'explication de Champollion, a basé, avec ce profond savoir qu'on lui connaît, un système chronologique qui jusqu'aux derniers temps a été adopté par les Égyptologues. Notre interprétation, en attaquant les fondements du travail chronologique de M^r. Biot, devait en détruire toutes les conséquences historiques. En effet M^r. Biot a cru faire bien en publiant un mémoire particulier sur ladite question où il s'est proposé de démontrer par des raisonnements très-instructifs „l'inanité" de notre interprétation. Je ne suis

---

*) M^r. de Gumpach a traité cette question très-spécialement dans un travail publié récemment sous le titre: On the historical antiquity of the people of Egypt their vulgar kalendar and the epoch of its introduction (London: 1863).

pas capable de suivre le célèbre astronome dans ses savantes recherches, seulement j'ai le plaisir d'aborder la question là où elle était confiée, en matière de philologie, aux mains de M^r. de Rougé.

3. Dans une lettre particulière jointe au travail de M^r. Biot, l'illustre maître émet son opinion sur les mérites des changements proposés pour les noms des tétraménies de l'année égyptienne. Tout en adoptant nos nouvelles lectures: šemu, šum et per, pur, M^r. de Rougé s'écarte de nous quant à leur interprétation. Il croit que le mot 〰 se traduit, malgré le copte ϣⲱⲙ aestas, par inondation, en maintenant que le mot copte ϣⲱⲙ fut donné à l'été grec. Mais il me semble que l'été, le temps de la chaleur, est partout l'été, en Grèce comme en Égypte. Quant à la saison per, que j'ai comparée au mot copte ⲡⲣⲱ, ⲫⲣⲱ hiems, M^r. de Rougé est d'une pareille opinion; ce serait plutôt „le nom donné à l'hiver grec, mais non pas exclusivement. On trouve aussi le même mot employé pour le printemps (ἔαρ Zacharie, XIV, 8)." Cette dernière notice est tirée du dictionnaire copte de M^r. Peyron. Là, sub voc. ⲫⲣⲱ, mais une **seule** fois, se trouve ἔαρ au lieu de l'hiver. Cependant examinons l'original. Dans la Septante l. l. à la fin du vers, on lit: καὶ ἐν θέρει καὶ ἐν ἔαρι ἔσται οὕτως — „et cela durera l'été et le printemps." Le traducteur copte a mis au lieu de ἔαρ — ⲡⲣⲱ, par la simple raison que l'orinal présente cette lecture: ובקיץ ובחרף „et en été et en hiver." Gesenius nous apprend sur le mot חֹרֶף: „auctumnus. Plerumque etiam **hiemem** complectitur, et קַיִץ וָחֹרֶף aestas et auctumnus integrum annum constituunt.*) Gen. 8, 22. Ps. 74, 17. Zach. 14, 8. בֵּית חֹרֶף domus hiberna Am. 3, 15."

4. Pour la dernière saison 𓆰 ša, d'après nous celle de l'inondation, M^r. de Rougé est porté à croire que le caractère représente la végétation des lotus. „Le signe 𓆰 — dit-il — est employé figurativement dans les scènes de „chasse et de pêche; il désigne, dans les légendes jointes à ces tableaux, les „canaux ou étangs couverts de lotus et de papyrus, que traverse la barque „du chasseur ou du pêcheur. Il est bien naturel de penser que ce caractère „indique, en effet, l'époque de la pleine végétation des plantes de cette espèce. „Je ne dois pas, néanmoins, oublier de vous faire remarquer que le signe 𓆰, „pris phonétiquement se lisait scha, et qu'ainsi il pouvait servir, à lui seul, „et servait en effet souvent pour écrire le mot scha „commencement." Or le „𓆰 était la 1re tétraménie; etc."

---

*) Comme 〰 et ▭ dans les textes égyptiens.

5. Quant à ce dernier rapprochement l'élève osé attaquer le maître. Le mot égyptien pour „le commencement" s'écrit [hiero], [hiero] šaā, avec le bras, de sorte que la comparaison établie entre s c h a „commencement" et la tétraménie [hiero] perd toute sa valeur, quoi qu'en nous ait dit M^r. Biot là-dessus. De l'autre côté il est beaucoup plus probable que des lotus sortant de l'eau, enfermée dans un bassin, comme c'est le cas dans le caractère [hiero]*), désignent plutôt l'inondation que la végétation, ainsi que M^r. de Rougé le pense.

D'après tout cela les raisons que M^r. de Rougé oppose à notre interprétation, n'étant pas de nature à nous convaincre de la fausseté de notre explication, nous aimons mieux croire que cette explication, le résultat d'études monumentales, est conforme à la nature des choses. Des savants distingués, depuis, se sont rangés de notre opinion et un mémoire spécial a été composé pour prouver l'exactitude de notre interprétation par un examen chronologique.

6. Mais quelles étaient les raisons qui ont induit Champollion, à transposer le commencement de la première tétraménie de l'inondation huit mois plus tard au mois de Pachon? Je ne crois pas que la présence du signe [hiero], dans le groupe [hiero], à lui seul, ait suffit à établir la singulière forme de son calendrier. Il y avait une autre raison et que voici. Dans le calendrier des Coptes ainsique dans celui appelé alexandrin le commencement de la crue du Nil est noté dans les derniers mois de l'année (voy. supra § 4 et § 6), mais non pas au mois de Thoth et aux mois suivants. Cette coïncidence, si apparente à la première vue, détermina Champollion à dresser son calendrier, dont nous connaissons nous tous le système.

7. La solution définitive de la question serait faite si nous rencontrions, sur les monuments, des dates ayant trait à la crue du Nil. Jusqu'à présent personne n'en a signalé aucune trace. Cependant il y en a, et je ferai voir aux lecteurs que ces dates, bien examinées, peuvent contribuer à faire résoudre la difficulté. Avant de les discuter nous rappelons encore une fois que, d'après

---

*) C'est ce que M^r. Biot, dans sa dissertation sur mon travail, a ignoré complètement, en donnant la description suivante du signe. „Le caractère hiéroglyphique „[hiero] représente des tiges et des boutons de lotus ou d'autres plantes herbacées, alternés „entre eux à divers états de grandeur, et sortant parallèlement d'une base „horizontale qui leur est commune" (p. 7). C'est justement cette base horizontale qui détermine le plus clairement la nature aquatique du signe en question.

nos recherches faites jusqu'ici, les anciens Égyptiens connaissaient deux systèmes calendriques se fondant sur la base d'une année fixe. D'après l'un d'eux, l'année commençait le premier Thoth = 20 Juillet, quand l'étoile Sothis se levait vers le temps de la crue du Nil. Suivant l'autre système l'année ne commençait pas avec le 20 Juillet, mais vers la fin du mois Août, à l'exemple de l'année alexandrine. Au temps de Thothmosis III le lever de Sothis avait lieu le 28 Epiphi = 20 Juillet, ce qui mène au 27 Août comme date du nouvel an.

8. Ceci avancé, nous comprendrons la valeur des trois inscriptions suivantes. Elles se trouvent toutes les trois à Silsilis, sculptées sur les rochers de la montagne, et datent: la première de l'an I, le 10 Epiphi, du règne de Ramsès II, la deuxième de l'an I le 5 Thoth(?), de Ménephthès Ḥotèphimaā, la troisième de l'an VI, Phamenoth, du règne de Ramsès III. Elles embrassent donc un espace de plus de 120 années. Le continu des textes touche le même sujet.*) Il s'agit d'offrandes en l'honneur du dieu Nil (Ḥāpui) aux deux jours principaux de son culte, savoir **le 15 Thoth** et **le 15 Epiphi**. Sur les trois stèles de différente époque ces deux jours du Nil, vers la fin des longs textes, sont caractérisés d'une manière bien précise. Il y est dit que „Sa Majesté a ordonné de présenter les offrandes sacrées à son père Amon-ra, „roi des dieux, Ḥāpui, père des dieux, le premier du cercle des divinités „principales de Noun, deux fois l'an (sepu II n ter), „aux époques de l'eau sacrée de Silsilis."

9. Vu le temps qui sépare le règne de Ramsès II de celui de Ramsès III, il est évident que ces inscriptions doivent se rapporter à des fêtes périodiques célébrées en l'honneur du Nil **les mêmes jours d'une année fixe**. Examinons la position de ces deux jours dans les deux calendriers. Dans l'un, commençant, selon notre supposition, le 20 Juillet, la date du 15 Thoth correspondra au 3 Août, le 15 Epiphi au 30 Mai; dans l'autre, où Sirius se levait le 28 Epiphi = 20 Juillet, le 15 Thoth est égal au 10 Septembre, le 15 Epiphi = 7 Juillet. Pour le Nil ce ne sont que ces deux dernières dates qui sont d'une haute importance, à cause de leur rapport avec des dates analogues du calendrier copte.

10. La date du 15 Epiphi = 7 Juillet, — treize jours avant le lever de Sothis sous le règne de Thothmosis III, — représente indubitablement le temps solstice d'été ou vers le solstice d'été, qui entrait l'an 1200 av. J.-C. le 4 Juillet

---

*) Voy. leur publication dans les „Denkmaeler" III, 175. 200. 218.

1300 le 5, 1400 le 6, 1500 et 1600 le 7, jusqu'à l'an 1700 av. J.-C., où il avait lieu le 8 Juillet. Comme l'époque des règnes des trois pharaons, selon le calcul des listes manéthoniennes, tombe entre 1200 et 1300 av. J.-C., le 5 Juillet répondrait le mieux pour la date du solstice d'été. Mais il est encore bien à remarquer que selon l'observation de M^r. Biot, les Égyptiens auraient pu déterminer les époques des équinoxes et des solstices entre des limites d'erreur d'un ou de deux jours. Donc la date du 15 Epiphi = 7 Juillet s'expliquera, surtout pour un astronome, de la manière la plus suffisante comme l'époque du solstice d'été sous les règnes de Ramsès II et de ses successeurs jusqu'à Ramsès III.

11. Pour comprendre toute l'importance de la date du 15 Epiphi, époque du solstice d'été sous les règnes indiqués, le lecteur est prié de relire ce qui nous avons avancé au § 8 p. 12 suiv. sur l'époque de l'entrée de la crue du Nil. Les anciens nous affirment, et les modernes constatent que la crue du Nil tombe dans l'époque du solstice d'été. Le solstice indique, pour ainsi dire, la naissance du fleuve. La même époque est indiquée par les Coptes, qui fixent le commencement de la crue le 18 Baûneh = 12 Juin, trois jours après le solstice d'été et sept jours après la nuit de la chute de la goutte (voy. § 4. p. 6).

12. L'autre date, celle du 15 Thoth, est séparée du 15 Epiphi par un intervalle de 65 jours. Si le 15 Epiphi, comme nous sommes porté à le croire et comme nous venons de l'exposer, correspond de nos jours au 18 Payni = 12 Juin, date du commencement de la crue, il faut supposer au calendrier copte une fête nilotique tombant 65 jours plus tard. Ajoutez au 18 Payni 65 jours et vous verrez, que la date calculée d'avance du 23 Mesori est trop près du 18 Mesori = 11 Août, jour du mariage du Nil, d'après la tradition copte (voy. § 4 p. 6), pour n'y reconnaître à l'instant la correspondance aussi exacte que nécessaire.

13. Les deux fêtes notées à Silsilis sous le règne de Ramsès II, de son fils Ménephthès et de Ramsès III et célébrées en l'honneur du Nil, représentent donc les jours principaux de la crue: son commencement et sa hauteur indispensable pour inonder le pays. Ils existent encore de nos jours et sont regardés par la population chrétienne et mahométane de l'Égypte comme des évènements bien importants dans le cours de l'année. La fête du 15 Epiphi, vers le solstice d'été, est sans doute la même dont les anciens ont fait mention sous le nom de Νειλῶα. Les Niloa, qui arrivaient κατὰ τροπὰς μὲν τὰς θερίνας μάλιστα „vers le temps du solstice d'été" (Heliodor. Aethiop. 9, 9), indi-

quaient le commencement de la crue. D'après un passage chez Élien (de nat. an. 11, 10) les Égyptiens célébraient une très-grande fête de joie en l'honneur du taureau Apis, laquelle coïncidait avec le commencement de la crue. Voilà ses propres paroles: πομπὰς δὲ ἃς πέμπουσι, καὶ ἱερουργίας [ἃς] ἐπιτελοῦσι, τοῦ νέου ὕδατος καὶ δαίμονος τὰ θεοφάνια θύοντες Αἰγύπτιοι καὶ χορείας [ἃς] χορεύουσι καὶ θαλίας καὶ πανηγύρεις ἃς ἐπιτελοῦσι, καὶ ὅπως αὐτοῖς καὶ πόλις ἅπασα καὶ κώμη δι' εὐφροσύνης ἔρχεται, μακρὰ ἂν εἴη λέγειν. Nous aurons, dans la deuxième partie de ce mémoire, l'occasion d'examiner de plus près cette fête sous sa nouvelle désignation τὰ θεοφάνια, qui se rencontre, dans sa forme hiéroglyphique, déjà sur les monuments de la plus ancienne époque de l'histoire d'Égypte, celle des dynasties memphitiques.

14. Pour à présent nous allons arriver à une troisième date qui pour la question du calendrier antique, n'a pas une moindre importance que celles qui précèdent. Cette troisième date, tirée de trois monuments d'époques toutes différentes, a des rapports intimes avec les phénomènes périodiques qu'offre le Nil annuellement, et c'est ainsi qu'elle présente des matériaux bien précieux pour les études qui, pour le moment, occupent notre attention.

Dans le calendrier de Ramsès III lequel nous allons connaître plus tard, sous la date du dernier jour, le trentième, du mois Choiak [qui est le quatrième mois de la tétraménie de l'inondation selon notre explication], il est noté une fête et une cérémonie dont la nature est conçue dans la légende suivante:

	(abod)-IV-ša (sic)	mois de Choiak
	ārkī-haru	le dernier jour
	haru	le jour
	n	d'
	s-hā	ériger
	du-du	le [divin] Dudu,

— puis on continue: „à présenter des offrandes au dieu Ptah-Sokar-Osiris dans le temple de Ramsès sur le côté ouest de Thèbes à ce jour."

15. Un monument non-pharaonique, le calendrier précité d'Esneh, d'époque romaine, cite la même fête au même jour. On y lit dans la série des fêtes tombant dans le mois de Choiak:

	ārk	dernier
	haru	jour
	s-ḫā	à ériger
	du-du	le Dudu
	n	d'
	ȧs-rā	Osiris
	n	de
	pe neter	la ville de Peneter.

16. Un calendrier à Dendera, époque ptolémaïque ou romaine, qui embrasse une série de dates se rapportant toutes au culte d'Osiris, nous fait connaître, parmi le nombre de ses dates, la même fête. Quoiqu' après le groupe désignant le mois Choiak le chiffre soit endommagé, il résulte cependant par la position de la date dans la suite des autres, qu'elle devait arriver après le vingt-deux dudit mois. Une légende explicative qui suit la date, donne même la certitude que c'était encore là le trentième jour. Comme le texte est d'une grande importance, j'en extrais tous les passages qui nous peuvent intéresser:

ȧr	ȧȧḥ IV ša	[ārk haru]	s-ḫā	dudu	m	dudu
il est	le mois Choiak	[le dernier jour]	l'érection	du Dudu sacré	dans	la ville de Dudu

haru	pfi	n	sam-ta	n	ȧs-ȧr
le jour	celui	de	la sépulture	de	Osiris.

„Le [dernier jour] du mois Choiak, quand on dresse la figure du Dudu „sacré dans la ville de Dudu (Mendès), c'est le jour de la sépulture d'Osiris."

Plus tard, comme le lecteur peut s'en convaincre par l'inspection du texte original, l'auteur du petit calendrier osirien fait la remarque, que „chacun des „sept jours était consacré au dieu Osiris, à partir du 24 Choiak jusqu'au „dernier jour du même mois ( )." Quelques groupes plus bas on rencontre la légende explicative:

haru	VII	pu	ȧrti-nef	m	χet	n	mut	-f	nu-t
jours	sept	ceux-ci	il a passé	dans	le ventre	de	mère	sa	Nut.

Je ne connais pas de passage classique qu'on puisse citer pour expliquer ces sept jours, cachés à nous, lesquels Osiris est dit avoir passé dans le ventre de sa mère, et je ne sais non plus, si ce séjour mystérieux se rapporte au temps avant sa naissance ou à quelque autre époque de sa vie divine, mais ce que je sais assurément c'est que le dernier Choiak, le jour où on dressa la figure du Dudu 𓂉 selon un mythe antique, était regardé chez les Égyptiens comme le jour de la sépulture d'Osiris, l'enveloppement de sa momie dans le sanctuaire 𓉘𓊹𓈖𓈖𓉐 ayant eu lieu le 22 ou le 23 du mois Choiak.

17. Quelle est à présent la place de ce jour important dans le calendrier fixe dont le 1er Thoth = lever de Sothis = 20 Juillet, et secondement quelle est sa place dans l'année fixe dont le 1er Thoth tombe vers la fin d'Août? Nous répondrons à ces deux questions en faisant le calcul.

1° Si le 1er Thoth coïncide avec le lever de Sothis, vers l'époque du 20 Juillet, le premier des sept derniers jours de Choiak arrive le 10 Novembre et le trentième Choiak tombe sur le 16 Novembre.

2° Si le 1er Thoth coïncide avec le 27 Août (voy. § 10. pag. 33) le premier des sept derniers jours de Choiak tombe sur le 18 Décembre et le trentième jour sur le 24 Décembre.

De ces deux réductions possibles la dernière me paraît la plus probable, par la raison que le solstice d'hiver, à l'époque de Ramsès III tombait justement dans la fin du mois Décembre. Nous allons prouver aux lecteurs toute l'importance de cette indication chronologique, en fondant nos recherches sur les assertions d'anciens auteurs et sur les données monumentales.

18. Nos remarques rappellent à la mémoire des lecteurs ce que nous avons avancé, à la page 15 suiv. de ces recherches, au sujet de la figure du nilomètre, sous laquelle se cachait, selon les croyances des anciens Égyptiens, le dieu Sérapis ou Sarapis, forme particulière d'Osiris à l'époque de la domination grecque et romaine en Égypte. Encore une fois nous allons fixer l'attention aux remarques déjà citées des anciens sur le culte de la mesure du Nil et sur les transports de la figure 𓂉, à une époque fixe de l'année, au temple de Sérapis et, à l'époque chrétienne, à l'église. Nous rappelons ce que nous savons, grâce aux notices des anciens, sur les panégyries célébrées en l'honneur des nilomètres portatifs, qu'on promenait publiquement (voir Jablonski, panth. IV, 3. § 5) avant de les établir dans les endroits d'où ils sortaient avec tant de solennité.

19. L'acte principale de la cérémonie consistait, selon les témoignages des auteurs contemporains, à transporter le nilomètre en procession et de l'établir dans le temple de Sérapis. C'est là cette cérémonie dont les inscriptions hiéroglyphiques font mention, en se servant de la phrase 𓏲𓎛𓂝𓂉 se-ḥā dudu.

„établir" ou „ériger le nilomètre" (en çopte ⲧⲁϩⲉ ⲑⲱⲟⲧⲧ). Chaque doute sur le véritable sens des groupes hiéroglyphiques que nous venons de citer, et sur leurs rapports intimes avec les passages d'anciens auteurs me paraît être dissipé par un curieux titre sacerdotal que j'ai rencontré sur deux stèles d'époque ptolémaïque, et qui tout spécialement a trait à la cérémonie en question. La copie des deux stèles d'origine memphitique se retrouve dans l'ouvrage monumental de M^r. Prisse (pl. XXVI) dans celui de M^r. Sharpe (pl. IV) et dans „Auswahl der wichtigsten Urkunden des ägyptischen Alterthums" (pl. XVI) de M^r. Lepsius. Dans l'une d'elles, un prophète porte le très-haut titre ⟨hiér.⟩ II nu n suten m s-ḥā dudu „le substitut (littéralement: „le second) du roi à établir le nilomètre."*) L'autre stèle énonce la même idée par les groupes presque purement phonétiques: ⟨hiér.⟩ suten II-num s-ḥā dudu „le substitut du roi à établir le nilomètre." La fonction de dresser le nilomètre devait être, d'après les textes cités, d'un honneur élevé, car le prêtre qui en fut chargé, remplaçait la personne du roi lui-même ou, peut-être aussi, le secondait, occupé de dresser la colonne du nilomètre la soi-disant $\pi\tilde{\eta}\chi\nu\varsigma$, comme les Grecs l'appelaient.

20. Quant à l'époque, dans le cours de l'année, où avait lieu cette cérémonie, nous croyons que la date du calendrier de Denderah (voy. pag. 39) donne la réponse la plus sûre.

Le dernier jour de Choiak, auquel se faisait la cérémonie, est signalé très-remarquablement comme jour de la sépulture d'Osiris. Osiris et son symbole, le nilomètre, représentent le fleuve lui-même dont les grandes eaux, à partir du 30 Choiak, commencement à disparaître. La crue a cessé et la décrue se marque notablement. La date du 30 Choiak == 24 Décembre n'est pas fortuite; c'est l'époque vers le solstice d'hiver. Pour le calcul astronomique il faut observer que probablement les six jours précédant le 30 Choiak entraient dans le compte égyptien. Il est presque sûr que la fête marquée au 14 Choiak dans le calendrier de Denderah et que voici ⟨hiér.⟩ per-t ḥeb ā.t „la grande panégyrie de Per" indique le commencement de l'hiver

---

*) Il n'échappera pas à l'attention du lecteur que les groupes pour „établir" ou „dresser le nilomètre" sont remplacés par la figure d'une personne dressant, moyennant une corde, la colonne du nilomètre. La traduction „royal deputy at the setting-up" et „second of the king at his setting up" que M^r. Birch en a donnée (v. „On two egyptian tablets of the ptolemaic period," publié tout récemment) est dénuée de fondement et du nombre des erreurs qui, en matière de philologie, se sont glissées dans le susdit mémoire du savant anglais.

le mot per (fém.) se rapportant à son dérivé copte ⲫⲣⲱ, ⲡⲣⲱ (fém.) l'hiver. De nos jours les Coptes d'Égypte regardent le 15 Choiak (= 11 Décembre, jour du solstice d'hiver) comme indicateur de „la section de l'hiver", tandisqu'ils désignent le premier du même mois comme le premier des quarante jours les plus courts de l'hiver.

21. Nous avons le bonheur de pouvoir compléter la preuve au sujet du solstice d'hiver tombant à une certaine époque, vers le 24 et le 30 Choiak, par deux passages extrêmement curieux et importants, qui se rencontrent dans une nouvelle publication: Rhind-Papyri — Facsimiles of two papyri found in a tomb at Thebes by A. Henry Rhind — London: 1863. Parmi un certain nombre de dates calendriques qui se rencontrent dans les textes bilingues, hiératiques et démotiques, de ces deux papyrus dont nous allons publier prochainement l'analyse du texte démotique, il se trouve une indication astrologique très-précieuse au sujet de la question qui nous occupe. Dans le premier papyrus (p. 3. l. 10—11) une phrase se termine par les mots suivants:

er	ma	rā	šerāu	em	χennu	en	utes-nefer-uf
pour	voir	le soleil	jeune	dans	l'intérieur	de	Utesneferuf

em	še	em	(abod)-4	per-t	haru	26
dans	l'océan	au	quatrième mois	de l'hiver	jour	26

Il y a, dans cette légende, une rectification à faire au sujet d'une faute due à la négligence du scribe égyptien. Le quatrième mois de l'hiver est le mois Pharmuthi (non pas le mois de Mesori comme on pourrait croire d'après la traduction de Mr. Birch: on the 26th of Mesori). Mais la traduction démotique rend l'expression hiératique par les signes bien connus qui servent à désigner le mois de Choiak. Où est la faute? Doit-on adopter la lecture hiératique ou celle du texte démotique? Le doute là-dessus est dissipé par un passage correspondant du deuxième papyrus, qui répète la même formule avec les mêmes termes.*) On y lit très-distinctement: ma-ā rā šerāu em utesneferuf em še-f em (abod)-4 ša ( ) haru 26 „je vois le

---

*) Nous croyons être à même d'expliquer aisément ce lapsus calami de l'écrivain égyptien. Le 26 Choiak, d'après ce que nous allons en dire, comme époque du solstice d'hiver, indiquait l'entrée de l'hiver, ou, comme les Coptes désignent ce jour, le premier jour du froid hibernal. Le scribe égyptien, ayant en vue ce fait phénoménal, écrivait per-t „l'hiver" au lieu de „saison de l'hiver", groupe qui ordinairement sert à indiquer la deuxième tétraménie de l'année égyptienne."

petit soleil dans son uṭesneferuf dans son océan au mois de Choiak le 26⁰ jour." Également comme nous, Mr. Birch a traduit cette fois la date: on the 26th of Choiak. La version démotique qui accompagne le premier papyrus, rend le passage hiératique de cette manière: ušta Seker χen pef-ūten em šai em (kiḥak) 26 „pour adorer le dieu Sokar dans son disque solaire le 26 Choiak." La traduction démotique renferme plusieurs indications d'une bien grande importance. D'abord elle nous apprend que le petit c.-à-d. le jeune soleil était censé être le même que le dieu Sokar ou Socharis de Memphis, sur la nature astrologique duquel nous ne savons jusqu'à présent absolument rien. Puis nous sommes informés que l'expression hiératique uṭesnefer-uf désigne le disque solaire, ūten. A la fin elle corrobore la certitude que la date en question est effectivement le 26 Choiak, telle que le deuxième papyrus l'affirme.

22. Qui est maintenant le petit soleil, rā šeraú (en copte ϣнρε, ϣнρι, ϣнλι signifie l'enfant, selon l'article préposé, le fils ou la fille), ou le dieu Sokar selon la traduction démotique? Ce sont encore les anciens qui nous en donnent la réponse. D'après Macrobe (Saturnal. liv. I. chap. XVIII. cf. Jablonski, liv. II. chap. IV. p. 216) les Égyptiens représentaient le soleil au solstice d'hiver, sous l'image d'un petit enfant, à l'équinoxe de printemps sous celle d'un jeune homme, au solstice d'automne sous celle d'un homme portant la barbe, et à partir de là sous celle d'un vieillard. Selon les Gnosticiens (v. Jablonski I. p. 254) le soleil, aux quatres points cardinaux de l'année, était affecté des dénominations suivantes: à l'équinoxe de printemps c'était Jupiter Ammon luisant, au solstice d'été c'était Horus à la couronne de rayons, à l'équinoxe d'automne: Sérapis invisible, et au solstice: d'hiver Harpocrate tendre.

Ces citations suffiront pour prouver que le petit soleil, le dieu Socharis, est identique avec le soleil du solstice d'hiver, représenté sous la figure d'un enfant et appelé Harpocrate tendre. Le nom de Sokar rappelle du reste les curieuses figures de Ptah-Sokar ayant la forme de l'embryon et portant très-souvent sur la tête le symbole de la régénération, le scarabée.

23. Après ces remarques, on ne doutera plus que le 26 Choiak ne fût la date du solstice d'hiver, date d'autant plus intéressante qu'elle se retrouve dans le calendrier de Ramsès III et dans celui d'Esneh et chaque fois en rapport avec le nom du dieu Sokar. Le calendrier de Ramsès III porte: „le 26 Choiak, „le jour de la panégyrie de Sokar, à faire les devoirs à Ptah-Sokar-Osiris." A Esneh il y a: „le 26 Choiak la panégyrie du dieu Sokar."

24. La notice intéressante tirée de la citation de Macrobe nous apprend que les Égyptiens comparaient la course annuelle du soleil aux quatre stations principales de la vie humaine: l'enfance, l'état du jeune homme, l'état de l'âge viril et la vieillesse. Le point où le soleil mourait en veillard pour renaître en enfant, était le solstice d'hiver. Cette époque était regardée pour cela comme le temps de fêtes lugubres en l'honneur du soleil défunt et de fêtes de joie à cause du soleil nouveau-né. C'est de cette fête que les anciens ont parlé sous le nom des Isiaques. Le jour principal est le 30 Choiak désigné dans le calendrier Esneh comme le jour de l'enterrement d'Osiris. Le rapport, qui existe entre cette époque et les Isiaques, me paraît ressortir le plus évidemment d'un passage du traité de Julius Firmicus (de errore profanarum religionum, — ex recens. Bursian p. 38) où cet auteur s'énonce ainsi: „In Isiacis sacris de pinea arbore caeditur truncus; hujus trunci media pars subtiliter excavatur: illic de segminibus factum idolum Osiridis sepelitur." Ce n'est pas l'endroit de poursuivre cette question intéressante, surtout au point de vue du bois mystérieux. Nous la traiterons plus spécialement dans la deuxième partie de ce mémoire.

25. En continuant nos études, nous nous transportons à l'examen des trois saisons de l'année égyptienne, savoir: l'inondation (ša), l'hiver (per) et l'été (šemu).

L'ordre des saisons dans le système graphique des douze mois de l'année égyptienne, est partout invariablement le même. Il est prouvé du reste par des inscriptions de nature pareille à celle qui suit et que nous avons copiée parmi le riche nombre de légendes astrologiques qui ornent les parois du temple d'Esneh:

se-χeper-nes elle a créé

ša-t la saison de l'inondation

(sic) per-t la saison de l'hiver
(et)

šem la saison de l'été.

Ces paroles s'adressent à la déesse Isis qui est censée être l'institutrice du calendrier égyptien.

26. Dans les textes égyptiens — comme le prouvent les exemples que j'ai cités dans mes „Nouvelles recherches sur la division de l'année", — il se rencontre très-souvent la seule mention des deux saisons et . Elles s'y

trouvent opposées l'une à l'autre comme nous le faisons en parlant de l'hiver et de l'été pour indiquer les deux saisons principales de l'an, celle du froid et celle de la chaleur. J'ai encore à citer un exemple très-curieux, découvert par moi parmi les nombreuses inscriptions qui accompagnent des tableaux représentant les travaux agricoles des champs, dans le tombeau de l'Égyptien Pahir à El-Kab. Le voici:

	ma	l'aspect
	ateru	de la saison
	šemu	de l'été
	ateru	de la saison
	per-t	de l'hiver
	hen-tu	de travaux
	neb-t	tous
	ar-tu	faits
	m	à
	sam-t	la campagne
	an	par
	hā	le chef
	etc.	etc.

„Voilà l'aspect de la saison de l'été et de la saison de l'hiver [et] de tous les „travaux faits [ou: à faire] à la campagne par le chef etc."

27. Cet exemple est d'une certaine valeur, en nous apprenant que le mot ateru, ateru était, en égyptien antique, l'expression particulière pour désigner la saison. Ce mot, qui se rencontre très-souvent dans les textes, offre de curieuses variantes dont les plus fréquentes se présentent sous les formes de ⌇ terà (voy. p. ex. Rituel de Turin XVII, 27), ⌇ ter, ⌇ teru, ⌇ teru. On découvre, le plus souvent, cette expression dans la composition ⌇ āp-teru et ses variantes*) „au

---

*) Comp. le mémoire de Mr. de Rougé sur quelques phénomènes célestes, pag. 20 et suiv.

„commencement des saisons." Il me paraît que le copte a conservé ce mot composé dans la dénomination ⲙ̄ⲡⲣⲏⲧⲉ qui, selon les dictionnaires, signifie intervallum (temporis). La comparaison de la forme antique ter avec le dérivé copte ⲣⲏⲧⲉ servirait du reste à expliquer d'une manière bien satisfaisante le mot 𓏏𓂋 ter, déterminé par l'image d'une plante, et l'adverbe 𓂋𓏏𓏤 terà. On sait que M^r. Chabas,*) guidé par des exemples bien décisifs, a expliqué, le premier, le rôle particulier de cet adverbe en lui attribuant la valeur du mot français donc, sans toutefois en avoir pu découvrir le correspondant copte. Celui-ci se présente sous la forme bien connue ⲣⲏⲧ, ⲣⲏϯ modus qui, dans cette langue, forme une foule d'expressions nouvelles en différentes compositions. Je n'en citerai qu'un seul exemple qui démontrera cette affinité d'une manière évidente. Dans la phrase, citée déjà par M^r. Chabas, du pap. Sallier III. p. 2. l. 11 où Ramsès s'adresse à Amon, le roi demande:

àχ	rek	terà	àtef-à	àmen
qui	es-tu	donc	mon père	Amon?

et plus tard, lign. 5:

àχ	terà	het	en	nen	àmu-u
quelle (est)	donc	la pensée	de	ces	bouviers?

Le pronom interrogatif complet dans ces deux exemples est àχ-terà. En copte ⲁϣ-ⲛ-ⲣⲏϯ signifie qualis? qualis, de sorte que le premier exemple se traduirait en latin: qualis es tu, mi pater Amon? et l'autre: quale est cor illorum bubulcorum?

Je crois que la parenté entre l'expression égyptienne et son dérivé copte est suffisamment établie par cette comparaison. Elle devient d'autant plus probable que, suivant la même analogie, le mot ter trouve son correspondant copte dans le verbe ⲣⲏⲧ plantari, ⲣⲱⲧ nasci (en parlant de plantes), germinare, germen, ⲣⲟϯ sata.

28. J'ai encore une remarque à faire qui se rapporte à l'expression citée plus haut àp-terà et que j'ai traduite, comme tous les autres égyptologues, par „commencement des saisons." Dans nombre de cas cette traduction n'est point satisfaisante, vu que dans les inscriptions, surtout dans

---

*) Voy. Mélanges pag. 81 suiv.

celles qui rapportent des séries de fêtes calendriques, l'auteur n'a pas voulu dire „aux commencements des trois saisons", mais plus généralement à toutes les époques de l'année (ⲁⲡⲣⲏⲧⲉ en copte). Et en effet cette traduction résulte nécessairement de l'examen de certaines phrases qui se rencontrent dans le texte hiéroglyphique de l'inscription de Rosette, comparée avec les passages correspondants de la partie grecque. C'est ainsi p. ex. qu'à la ligne 11 dans ce passage [hiéroglyphes] („à accomplir dans les panégyries et dans ces fêtes . . . .") l'expression [hiéroglyphes] n'est pas rendue par „au commencement de chaque mois", comme il faudrait attendre, mais par κατὰ μῆνα (lign. 48, texte grec). De la même manière, à la ligne 12, le groupe [hiéroglyphes] n'est pas traduit par „au commencement de l'an", mais par κατ' ἐνι[αυ-τὸν] „par an" dans la partie grecque lign. 49. Tout pareillement, à la lign. 13 du texte hiéroglyphique, cette phrase:

[hiéroglyphes]
qu'ils | célèbrent | panégyries | fêtes | ces | par mois | par an

trouve sa contrepartie, à la ligne 52—53 du texte grec, dans la traduction: συντελοῦ[σι τὰ νόμιμα ἐν ἑορταῖς ταῖς τε κατὰ μῆνα καὶ τα]ῖς κατ' ἐνιαυτὸν.

Le fait que nous venons de connaître, est incontestable. En regard de la traduction grecque, comparée aux passages correspondants du texte hiéroglyphique, il est sûr que le groupe [hiéroglyphes] n'exprime pas toujours „le premier", ou substantivement „le commencement", mais qu'il sert aussi à remplacer la préposition par en français dans des compositions comme: par an, par mois etc. Le lecteur trouvera partout dans les inscriptions des exemples de cet emploi singulier qui, jusqu'à présent, tant que je sache, n'a pas encore attiré l'attention du monde savant.

29. C'est ici le meilleur endroit, je crois, d'examiner plus près les diverses modifications, selon la prononciation, que le signe de la tête subit dans les inscriptions.

De prime-abord il est incontestable que la tête appartient à la classe des signes polyphones. C'est ainsi que le groupe [hiéroglyphe], avec et sans addition de son phonétique [hiéroglyphes] ḥa, se prononce ḥa. C'est alors un substantif, ayant la signification de „tête" ou „commencement d'une chose", comme par exemple dans les groupes [hiéroglyphes] ḥa-n-dūau, „commencement du matin", l'aube du jour. Comme je l'ai expliqué dans mes „Nouvelles recherches" p. 48—49 cette composition antique s'est conservée en copte sous la forme ϩ-ⲧⲟⲟⲧⲉ, ϩⲁ-ⲛⲁ-ⲧⲟⲟⲧⲉ mane, summo mane. Le mot copte ϩⲁ signifie, à ce que nous en disent les dictionnaires, la même chose qu'en latin summus. C'est pour cela qu'on dit en cette langue: ϩⲁⲛⲁⲙⲉⲣⲓ summus meridies, ϩⲁⲛⲁⲣⲟⲩϩⲓ summa vespera.

30. Indépendamment de cette racine, dont l'origine et l'affinité avec le mot ϩⲁ en copte n'est pas à méconnaître, la tête suivie du signe phonétique pour p: 𓁶𓊪, sert à indiquer un autre mot, qui certainement a les deux significations que nous venons d'exposer plus haut. Comme substantif, précédant le mot qui s'y rapporte, notre groupe signifie „la tête" ou „le commencement" de quelque chose. Parfois le signe 𓈖 = n lie ce groupe avec le substantif suivant. Mis après un substantif, et alors muni des marques du genre et du nombre, le groupe 𓁶𓊪 tient la place d'un véritable adjectif ayant le sens de „premier."

31. Les égyptologues, dès Champollion, ont la coutume de transcrire le groupe en question par ap ou ape. Je dois avouer que de tout temps je fus en pleine ignorance sur l'exactitude de cette transcription que jamais je n'avais pu découvrir, soit que les variantes aient échappé à mon attention, soit qu'elles n'existassent point ou qu'elles ne se rencontrassent que très-rarement. Cependant je fis une autre observation que je prends la liberté de soumettre au jugement de mes confrères en égyptologie.

32. Il y a, sur les monuments d'époque ptolémaïque et romaine, des exemples où le signe de la tête est précédé des caractères phonétiques t et p qui en constituent la lecture tep. C'est ainsi p. ex. qu'on rencontre dans la curieuse inscription du temple d'Esneh que j'ai publiée dans le „Recueil" pl. LXXII. N⁰ 1, la phrase: „la déesse (Nit) a pris place sur la tête de tous les dieux en „son nom de Menh-t." Dans cette légende le mot correspondant à la traduction „tête" se trouve écrit 𓁶 tep, comme je l'ai avancé. Cette prononciation, inobservée jusqu'à présent, est prouvée de plus par les transcriptions du groupe 𓁶𓊪 offertes par les textes démotiques. Pour se convaincre de cette remarque, on n'a qu'à consulter les „Rhind-papyri" (voy. pl. V, 6. VI, 1, et XII, 1, de ma publication) où le groupe en question est rendu démotiquement par tepàu. Pour confirmer finalement la justesse de mon observation j'invite le lecteur à jetter un coup-d'oeil sur la liste grecque des 36 décans égyptiens (voy. Lepsius, Einleitung zur Chronol. p. 69), où la première partie des mots Τπηχὸντ et Τπηχὺ sert à transcrire le groupe hiéroglyphique 𓁶, et ses variantes 𓁶 𓏺, 𓁶𓊪.

33. De plus, en adoptant la lecture tep nous sommes à même de fixer la lecture et la parenté copte du groupe hiéroglyphique 𓁶 𓏺 assez fréquent dans les textes de toutes les époques et signifiant la bouche, à en juger d'après le sens général des légendes. La transcription tep-ro nous mène à

l'instant au dérivé copte ⲦⲀⲠⲢⲞ (Ⲧ) στόμα, os, qui remplit toutes les conditions et pour le sens et pour l'affinité phonétique. Les inscriptions nous parlent „des souffles vitales qui sortent de la bouche (tep-ro) des dieux" (voy. p. ex. Denkm. III, 73), „des paroles sortant de la bouche (tep-ro) pour glorifier la divinité" (Sarcophage de Turin), et tout pareillement dans une foule d'exemple analogues, le mot tep-ro remplace l'expression ordinaire pour la bouche: ro.

34. Je suis à même de compléter la certitude pour la valeur phonétique tep de la tête par quelques exemples bien instructifs. Parmi les légendes qui ornent les parois de la salle hypéthrale du temple d'Isis, sur l'île de Philae, j'ai rencontré le passage suivant contenant la promesse du dieu Horsiésis faite à un des Ptolémées: du-ȧ nek res meḥ ȧmenti ȧbti em ḥotp „je t'accorde que „le sud, le nord, l'ouest et l'est soient en paix." Dans cette formule qui se répète si souvent dans les inscriptions, les mots qui terminent la phrase, em ḥotp „en paix" sont rendus par ⟨hiero⟩. Comme on le voit, dans ce cas le groupe ordinaire ⟨hiero⟩ ḥotp, est remplacé par la lettre ḥ suivie du signe de la tête et de son complément phonétique p, pour exprimer la dernière partie, tep, du groupe en question.

Un autre exemple tout à fait analogue est fourni dans une légende dans la longue inscription du temple d'Edfou publiée dans les „Denkmaeler" IV, 46, b. Le même groupe ḥotp est rendu, vers la fin de la ligne 13, par ⟨hiero⟩. La dernière partie de ce mot, tep, est rendue encore une fois par la tête suivie de la lettre p.

35. Je ne sais pas si nous sommes autorisé, en face de cette lecture nouvelle, d'appliquer la valeur tep au groupe discuté à la page 20 et transcrit par ȧpu ou ȧpuȧ „les ancêtres." Dans une inscription que j'ai trouvée à Philae et qui se rapporte à la donation du dodekaschoinos faite de la part de Ptolémée Evergète Iᵉʳ à la déesse Isis, il est dit que le roi en cela a suivi l'exemple des rois ses vénérables ancêtres. Les derniers mots sont exprimés par:

⟨hiero⟩	⟨hiero⟩	⟨hiero⟩
suten-u	tepuȧ-u	ȧs-u
les rois	ancêtres	vénérables.

La lecture tepuȧ confirme singulièrement l'opinion, que la valeur phonétique tep pour ⟨hiero⟩ s'applique aussi au groupe désignant les ancêtres, de sorte que la lecture ȧpuȧ me paraît extrêmement douteuse. Comme cette lecture tep est constatée par d'autres exemples concluants il n'est guère admissible que le sculpteur de la légende ait commis une erreur en mettant le signe ⌒ au lieu du caractère de la tête.

36. Les preuves de la lecture proposée tep seront complètes, si la langue copte nous fournit les moyens de démontrer la parenté établie d'une manière évidente. Pour aborder cette question je fixe l'attention sur le groupe hiéroglyphique ⸗ si fréquent dans les textes et désignant: sur, au-dessus, supra, littéralement „sur la tête de . . . . ."

A l'aide de la lecture tep pour la tête, nous parvenons à transcrire cette composition: ḥi-tep qui rappelle sur le champ le dérivé copte: ϩιτⲛⲉ supra, d'où ⲣ̄ ϩιⲧⲛⲉ superare. On a bien méconnu l'origine de cette préposition en voulant en rapporter la partie ⲧⲛⲉ au mot ⲛⲉ ou, avec l'article, ⲧⲛⲉ coelum. C'est plutôt le radical antique tep, tpe qu'il faut y reconnaître qui, du reste, sert à expliquer tous ses dérivés coptes tels que: ⲙⲛⲉⲧⲛⲉ supra, ⲛ̄ⲧⲛⲉ superior, summo loco, supra, ⲛⲁⲧⲛⲉ superiores, ⲣ̄-ⲧⲛⲉ superare.

37. Veut-on compléter la comparaison avec le copte, il sera utile de jetter encore un coup d'œil sur les radicaux ⲧⲁⲡ cornu, caput (lintei), fimbria; ⲧⲟⲡ caput, sinus etc. qui ont conservé assez lucidement les traces du mot tep.

38. En copte il y a un autre mot pour dire la tête, dont l'emploi est le plus fréquent. C'est ⲁⲡⲏ, ⲁⲡⲉ, ⲁⲫⲉ, (ⲧ) caput, summitas, vertex, praeses, d'où ⲁⲡⲏⲧⲉ, ⲁⲡⲏⲟⲧ capita, magnates. La seul trace dans les textes sacrés que j'en aie pu découvrir, quant à son écriture purement phonétique, s'est offerte à mes recherches dans un passage des „Rhind-papyri" (V, 6). On y parle des sept ouvertures de la tête. Celle-ci se trouve écrite āp. Cependant il y a des doutes, vu que le bras ressemble, en écriture hiératique, à lettre n. Dans ce cas on devrait lire n pe-[tep] „de la tête" (en démotique on lit ainsi), de sorte que toute la comparaison serait anéantie. J'invite mes confrères à certifier par des exemples décisifs la lecture āp qui, jusqu'à présent, me paraît offrir de très-graves difficultés.

39. Je vais reprendre à cet endroit la recherche sur le caractère que j'ai discuté à la page 26 suiv. de ce mémoire, sans avoir pu déterminer sa valeur phonétique. Quoique je ne connaisse qu'une seule légende hiéroglyphique qui nous fournisse les moyens de juger là-dessus, cette inscription est décisive pour jetter une lumière inattendue sur la nature de notre signe. L'inscription, que j'ai copiée dans le petit temple appelé le Kiosk, à Philae, se rapporte à la déesse Isis, sœur et femme d'Osiris, et la qualifie comme „la première épouse royale d'Osiris." Les premiers mots sont exprimés par les groupes suten ḥem-t tep-t. Comme on voit le mot tep-t, écrit à l'aide de la tête prise au sens syllabique, est déterminé par le caractère , ce qui démontre le plus évidemment qu'on a voulu préciser sa valeur phonétique en

le mettant en rapport avec la syllabe tep, augmentée de la marque du genre féminin ⌒ = t. Mais je le répète que c'est le seul exemple qui soit venu à ma connaissance.

40. J'ai tâché, de plus, à démontrer à la page 26 que le caractère 𓊃 comporte nécessairement le sens de premier. Pour rien n'oublier qui puisse contribuer à éclaircir la nature de ce signe, je dois remarquer que j'ai trouvé dès lors deux exemples qui paraissent infirmer cette attribution, en confondant notre caractère avec le signe 𓊽 pris au sens de commencement. Ces exemples se rencontrent dans une inscription qui décore une des parties conservées du temple d'Hermonthis.

La première fois, on dit du dieu lunaire que c'est lui qui fait le commencement de chaque mois. Cette phrase est exprimée par les groupes: 𓂝𓊃𓏤𓊗, littéralement „il donne faire le commencement de chaque mois." De la même manière, dans une formule correspondante, le dieu solaire est qualifié: 𓂝𓊃𓏤 (vient ensuite un groupe singulier qui signifie dūa „le matin." Ce sont la déesse Nephthys et Isis qui font planer le disque solaire au-dessus du signe pour l'est) „il donne faire le commencement du matin." Chaque fois l'idée de „faire le commencement" est rendue par la combinaison 𓋴𓏤 se-tep, de sorte que 𓏤 comporte ici apparemment le sens de commencement. Cependant il est à observer qu'il se peut bien que la présence du verbe causatif se „faire" donne à la composition ce sens qui, primitivement, est loin d'être propre au caractère 𓏤 tep „premier". Ce serait alors 𓋴𓏤 qui signifierait commencement, pendant que le verbe 𓂝 „donner, faire" jouerait le rôle du vrai verbe causatif.

§ 12. DES DIVINITÉS TUTÉLAIRES DES DOUZE MOIS DE L'ANNÉE ÉGYPTIENNE.

1. Nous pouvons aisément nous dispenser de la peine de vouloir expliquer au lecteur le système et l'ordre des mois égyptiens en usage avant l'introduction du calendrier alexandrin. Pour aider la mémoire, nous avons dressé leur tableau sur la planche I, annexée à ces recherches. On y voit col. 1, leur écriture hiéroglyphique, col. 2 leurs formes graphiques en écriture hiératiques et col. 3, a—d, leur notation démotique.

2. La différence de leur notation et le changement de leurs dénominations signalé dans les noms des mois du calendrier alexandrin et copte, a été observé depuis longtemps. A l'heure qu'il est, on sait que leurs noms grecs et coptes tiennent à une origine ancienne, étant en rapport avec les noms de

certaines divinités tutélaires regardées comme les protectrices de l'année. La différence de l'endroit où l'on a fait la découverte de leurs listes non moins que celle de l'époque de leur origine est sans doute cause, que les dénominations de ces divinités diffèrent dans les deux listes qu'on a eu le bonheur de rencontrer sur les monuments égyptiens.

3. Le tableau le plus ancien des douze mois, qu'on ait trouvé jusqu'à présent, a été découvert à Thèbes, côté ouest, où il fait partie d'une représentation astrologique sur le plafond d'une des salles du temple de Ramsès II, le même dont Diodore a fait mention sous le nom de l'Osymandyéum. L'autre tableau sculpté dans le pronaos du temple d'Edfou (Apollinopolis M.) est d'un temps postérieur. Il date du règne des Ptolémées en Égypte.

4. Le lecteur trouvera la copie de ces deux tableaux dans nos „Monuments de l'Égypte" pl. V, VI et IX, X. Nous avons ajouté à la liste des douze mois et des cinq jours épagomènes de l'année égyptienne (pl. I, de ce mémoire) les noms des douze divinités de mois. La colonne N° 4 fait connaître leur série d'après le monument cité de Ramsès II, la colonne N° 5 celle du temple d'Edfou. Nous faisons suivre la transcription de leurs noms dans le tableau suivant.

TABLEAU des divinités protectrices des douze mois de l'année égyptienne.

Ordre des mois	Noms des mois alexandrins	Temple de Ramsès II	Temple d'Edfou
1	Thoth	la déesse $Te\chi i$.	la déesse $Te\chi$ [ ].
2	Phaophi	le dieu Ptah de Memphis appelé $Ptah\text{-}res\text{-}sebt\text{-}f$.	le dieu Ptah appelé $Men\chi$.
3	Athyr	la déesse $Hathor$.	la déesse [ ]
4	Choiak	la déesse $Pa\chi t$.	le dieu $Kehek$.
5	Tybi	le dieu ithyphallique Min.	un dieu portant un épi dans sa main et appelé $Sef\text{-}but$.
6	Mechir	un chacal couché: $rekh\text{-}ur$.	un hippopotame: $rekh\text{-}ur$.
7	Phamenoth	idem: $rekh\ ne\theta es$.	idem: $rekh\text{-}ne\theta es$.
8	Pharmuthi	une déesse à tête de serpent appelée $Rennuti$.	la même déesse: $Renen$.
9	Pachon	le dieu thébain $\chi ensu$.	un dieu appelé „$\chi ensu$-panégyrie".
10	Payni	le dieu Horus appelé $\chi ont'i$.	le dieu Horus appelé $Hor\text{-}\chi ont\text{-}\chi udit$.
11	Epiphi	la déesse $Apet$.	déesse à tête d'épervier: „$Apet$-panégyrie".
12	Mesori	le dieu Horus surnommé $Hor\text{-}m\text{-}\grave{a}\chi u$.	le dieu: $Hor\text{-}r\bar{a}\text{-}m\text{-}\grave{a}\chi u$.

5. En comparant les noms des divinités consignées ci-dessus, avec les dénominations grecques et coptes des mois dont elles sont les protectrices, on reconnaît facilement l'origine antique. C'est ainsi que la dénomination des mois Athyr, Choiak et Pachon du calendrier alexandrin-copte dérive des noms anciens de leurs divinités: Hathor, Kehek ou Kihak et Chons. Pour les autres noms, on n'a pas encore réussi à en établir, d'une façon convainçante, la comparaison avec leurs correspondances antiques. Il est probable que le mois Thoth tire son origine du dieu Thoth, Hermès égyptien, de même que le nom du mois Epiphi est en rapport avec celui de la déesse éponyme Ape et que Mesori est à expliquer à l'aide de la forme antique mes-rā, mesu-rā „naissance du soleil", mais nous manquons de preuves monumentales qui nous permettraient de démontrer la justesse de telles comparaisons.

6. On doit s'attendre que la nature des divinités, préposées aux douze mois de l'année, soit en rapport avec les phénomènes astronomiques ou terrestres qui, dans le cours de l'année naturelle, font leur tour dans la série des douze mois. Quoique nous soyons privés jusqu'à présent des moyens de poursuivre ces recherches intéressantes, faute de meilleure connaissance de la nature intime des personnifications mythologiques de l'Égypte antique, il y a néanmoins deux divinités qui répandent assez de jour sur la question qui nous occupe. Le dieu ithyphallique Min, président du cinquième mois Tybi, est appelé, dans le tableau d'Edfou, šef-but. Le vrai sens du mot šef est douteux, cependant il résulte de la deuxième partie de son surnom but „froment" (en copte ⲃⲱⲧⲉ, ⲃⲱⲧ, ⲃⲟⲧ ὄλυρα), qu'il s'agit du créateur du froment. Le dieu créateur par excellence porte, à Edfou, un épi dans sa main, symbole assez significatif qui achève de démontrer l'exactitude de cette interprétation.

7. La déesse Renen, Rennu, présidente du huitième mois Pharmuthi, est distinguée sur divers monuments par le titre honorifique „maîtresse des greniers." C'est la déesse de la récolte.

Le mois de Pharmuthi est donc le mois de la récolte principale. Selon la citation dans Théon (voy. § 6. p. 12), l'époque de la moisson était signalée par la date du 25 Pharmuthi cal. alex. ce qui s'accorde parfaitement avec la déesse de la récolte placée, dans les régistres, sous le même mois du calendrier antique.

§. 13. LES CINQ JOURS ÉPAGOMÈNES.

1. Les cinq jours complémentaires qu'on ajoutait à la fin des douze mois de l'année pour en compléter le nombre de 365 jours, se rencontrent sur les

monuments sous la dénomination: haru-u 5 heru-u ter (voy. pl. I.) „les „cinq jours au-dessus de l'année." Leurs noms répondent aux formes que Plutarque nous en a transmises (voy. p. 9). Les voici:

1ᵉʳ jour: naissance d'Osiris,

2ᵉ jour: naissance d'Horus (var. Hor-ur)*),

3ᵉ jour: naissance de Set,

4ᵉ jour: naissance d'Isis,

5ᵉ jour: naissance de Nephthys.

2. En écriture démotique, à en juger d'après les tablettes astrologiques publiées dans mes „Nouvelles recherches", ces jours étaient distingués par leur ordre successif. On les appelait généralement la panégyrie, de sorte qu'il y avait le premier, le deuxième, le troisième, le quatrième et le cinquième jour de la panégyrie.

§ 14. DOUBLE SYSTÈME DE LA NOTATION DES TRENTE JOURS DU MOIS ANTIQUE.

1. Pour indiquer le quantième dans l'ordre des trente jours du mois, les anciens Égyptiens se servaient de leurs signes numériques de 1 jusqu'à 30, en plaçant le chiffre voulu derrière le groupe pour haru „jour". Pour indiquer le dernier jour du mois, on se servait quelquefois de l'expression ārk ou ārkī „le dernier" (voy. p. 27 suiv.).

2. A l'époque ptolémaïque et encore plus amplement au temps de la domination romaine, on introduisait dans l'écriture sacrée un grand nombre de signes et de groupes inusités dans les textes de l'empire ancien. Aussi le système de la notation des chiffres fut-il touché par la réforme du système d'écriture. C'est ainsi p. ex. qu'on mettait l'étoile ★ pour désigner le nombre de 5, la tête ⊕ pour dire sept, le signe ⊖ ou cet autre ⌇ pour exprimer le neuf, le phallus ⤏ pour indiquer le dix, le caractère ⟨ ou ⟩ pour désigner le vingt, le signe ⟨ pour trente.

3. Le changement singulier de la notation usuelle des chiffres prépare quelquefois des difficultés inattendues dans l'interprétation des textes, mais

---

*) Voy. pour cette variante le pap. hiérat. N° I, 346 de Leide pag. 2. lign. 9. La lecture Hor-ur prouve l'assertion de Plutarque que le deuxième jour épagomène était consacré au dieu Arouéris.

elle ne touche point le système de la numération qui ne cessait pas d'être le même, c'est-à-dire le système décimal.

4. Auprès de cette notation des 30 jours du mois, à l'aide de signes numériques, les monuments nous font connaître tout un autre système, d'après lequel chaque jour dans la série des trente jours du mois est signalé par le nom d'une fête particulière ou, pour nous servir d'une autre expression, par une éponymie. Au lieu de dire p. ex. le 1er de tel mois, il était d'usage de dire „à la fête de la néoménie de tel mois."

5. Avant d'apprendre aux lecteurs la haute importance de ces éponymies, qui nous serviront de guide dans les ténèbres de la chronologie égyptienne, nous nous hâtons d'abord de faire connaître leurs noms et leur série.

6. Grâce aux soins des anciens Égyptiens de conserver, sur les monuments, les notions de leurs connaissances en toute sorte de matière ayant rapport au culte religieux, nous possédons un tableau presque complet des fêtes éponymes des trente jours du mois. Ce tableau forme une partie de la grande représentation astronomique ou plutôt astrologique à Edfou, dont j'ai parlé plus haut à la page 52. Je l'ai publiée en 1857 pour la première fois dans mon livre „Monuments de l'Égypte" pl. VIII et IX, mais quoiqu'elle contienne les renseignements les plus précieux pour comprendre certains termes se rapportant à la mesure du temps, aucun savant n'en a tiré ce profit qui place ce monument au nombre des plus valables souvenirs des anciens Égyptiens.

7. Le tableau d'Edfou se compose d'une série de trente figures à la forme humaine représentant les trente jours du mois égyptien et portant chacune son nom particulier. Auprès de ce nom, il se trouve la notation de la fête éponyme qui désignait, d'une autre manière, appelons-la la manière sacrée, le quantième jour dans l'ordre des trente. La liste de ces éponymies ainsi que celle des personnifications correspondantes est reproduite d'après la copie publiée dans les „Monuments de l'Égypte" sur la planche II. annexée à ce mémoire. Nous allons adjoindre la transcription et la traduction, tant que cela sera possible, dans le tableau suivant. Nous nous en servirons dans le cours de ce travail pour pouvoir désigner chacun des trente jours par son éponymie correspondante, ou par le nom de sa personnification divine.

TABLEAU des fêtes éponymes et des personnifications des trente jours du mois égyptien.
(v. Planche IV.)

Jour du mois	A. Fêtes éponymes	B. Noms de la personnification
1ᵉʳ	ḥeb n paut [„fête de la néoménie"].	„Jour de Thoth, fête."
2ᵉ	ḥeb haru (abod) [„fête du jour du mois"].	„Hor vengeur de son père."
3ᵉ	mesper-tep [„premier Mesper"].	„Jour d'Osiris."
4ᵉ	ḥeb per smat [„fête de l'apparition de Smat"].	„Le dieu Ȧm[se]d."
5ᵉ	ḥeb χet χau [„fête du sacrifice"].	„Le dieu Hapu."
6ᵉ	ḥeb-6 [„fête du six"].	„Dŭamutef."
7ᵉ	ḥeb denȧ-t [„fête de la séparation"].	„Kebḥsenuf."
8ᵉ	ḥeb ḥa-sop [„fête du commencement de sop"].	„Ȧrtitefef."
9ᵉ	ḥeb sekāu [„fête de Sekau"].	„Ȧr-θef [qui se fait lui-même]."
10ᵉ	ḥeb sȧf [„fête de la violation"].	„Ȧr-ran-θesef [qui fait son propre nom]."
11ᵉ	ḥeb...χu [„fête de celui qui verse des rayons solaires"].	„Fête de la grande Neθ-nut."
12ᵉ	herḥer [Herher?].	„Jour d'Ȧn-neθ."
13ᵉ	ḥeb ȧrti.....χu [„fête des yeux qui versent les rayons solaires"].	„Jour Teḳen."
14ᵉ	ḥeb sa [„fête de Sa"?].	„Jour de Ḥen-ba."
15ᵉ	ḥeb-15 [„fête du quinze"].	„Le dieu Ȧr-māūi."
16ᵉ	mesper 2-nut [„deuxième Mesper"].	„Le jour meḥ-f χeru-f [il remplit sa parole]."
17ᵉ	ḥeb sa [„fête de Sa"?].	„Horus au-dessus de sa colonne."
18ᵉ	ȧḥ [„la lune"].	„Jour de l'assistant (ȧḥi)."
19ᵉ	setem χer-uf [„écoute ses paroles"].	„Jour d'Ȧn-mutef."
20ᵉ	(détruit).	„Jour d'Anubis."
21ᵉ	ḥeb [ ]u [„fête de ......u"].	„Anubis."
22ᵉ	ḥeb peḥu-tet [„fête de Peḥutet"].	„Le serpent Nā."
23ᵉ	ḥeb denȧt [„fête de la séparation"].	„Le grand serpent Nā."
24ᵉ	ḥeb ḳenḥ [„fête des ténèbres"].	„Le Nā rouge."
25ᵉ	ḥeb ..... [„fête de celui qui verse"].	„Jour de šema."
26ᵉ	ḥeb per-t [„fête de l'apparition"].	„Maa-meref."
27ᵉ	ḥeb ušeb [„fête d'Ušeb"].	„Unt-āb."
28ᵉ	ḥeb(?) nu pu-t [„panégyrie céleste"].	„Jour de l'union" (ou „de Chnum").
29ᵉ	ḥeb ḥā-sa [„fête de Hasa"].	„Utet-tefef."
30ᵉ	ḥeb [ ]senḥem [„fête de la sauterelle"?].	„Nehas."

8. En examinant attentivement les 30 groupes qui composent le tableau des jours éponymes du mois, on fera la remarque qu'un certain nombre de ces éponymies se rencontre très-fréquemment sur les monuments de toutes les époques de l'histoire d'Égypte. C'est ainsi que les éponymies du deuxième, du sixième et du quinzième jour se lisent déjà dans les inscriptions qui ornent les parois des chapelles funéraires, datant du temps des premières dynasties manéthoniennes.

9. On fera, de plus, l'observation que dans les listes de fêtes funéraires, les éponymies citées sont accompagnées parfois du nombre ∩|| douze pour indiquer qu'il fallait que telle fête, c'est-à-dire tel jour retournât douze fois dans le cours de l'année, conformément au nombre des douze mois de l'année.

10. On s'apercevra à la fin que certains jours de ces 30 éponymies étaient regardés de préférence comme jours de fêtes, notamment le 1er, le 2e, le 5e, le 6e, le 7e, le 8e et le 15e.

11. Si l'on examine les inscriptions qui font mention de ces jours en les mettant en rapport avec des idées astrologiques, on se convainc, que c'est la lune qui y joue le rôle principal. Je vais prouver ce fait par quelques observations que l'étude des monuments m'a suggérées.

12. En commençant avec la première éponymie, dont j'ai réuni les variantes à la pl. III, N° 6, a—e, je fixe l'attention sur le caractère principal des groupes qui se présente sous les formes ⊖, ⊖, ⊖. Dans une dissertation spéciale consacrée à l'étude du signe en question et insérée dans le Journal de la société orientale d'Allemagne (vol. X, p. 668 suiv.), j'ai donné les preuves que ce caractère, prononcé paut dans ce groupe, indiquait la nouvelle lune, la néoménie. Je vois avec plaisir que, dès la publication de mon mémoire, nombre de savants se sont rangés de mon opinion, en adoptant mon explication que j'ai trouvé, depuis, constatée par les monuments.

13. Il résulte d'une étude des diverses variantes qui nous offrent l'expression hiéroglyphique de l'éponymie du 1er jour, que le groupe entier se prononçait heb ent paut „fête de la nouvelle lune." Comme ce jour, dans le cours d'une année (lunaire), devait revenir aux douze nouvelles lunes, il s'en suit que la mention des ⊖🜨 ∩|| „douze néoménies" dans une inscription funéraire de Beni-Hassan trouve son explication la plus naturelle.

14. Les anciens Égyptiens honoraient de diverses manières le retour de la néoménie, à l'exemple de la plupart des peuples de l'antiquité et de l'orient de nos jours. Non seulement elle est rapportée fréquemment dans les inscriptions qui ornent les monuments soit publics soit funéraires, aussi le Rituel

des anciens Égyptiens la mentionne à plusieurs reprises. „Le jour des fêtes „de la néoménie" — haru heb.u-ent-paut — (voy. p. ex. chap. 145) y est nommé avec une grande déférence.

15. C'est le jour, selon la croyance des Égyptiens dévéloppée dans un grand nombre d'inscriptions d'époque ptolémaïque, où le dieu lunaire Chonsu, de Thèbes, est censé être conçu. Le texte bien instructif que j'ai publié dans le „Recueil" pl. XXXVIII N° 2, s'énonce là-dessus ainsi:

bak-ut-f*)	em	*ḥeb-ent-paut*
il est conçu	à	la fête de la néoménie.

Suivant le sens de cette inscription, qui pour l'interprétation n'offre aucune difficulté, la conception du dieu Chons, sous lequel il faut entendre la personnification de la lune, avait lieu le premier de chaque mois, à la néoménie. La suite du texte nous met en état de prouver le rapport du dieu avec la lune d'une manière incontestable.

16. Il y est dit:

buχ-ut-f	em	*(abod)-ḥeb*
il est né	à	la fête du 2e jour.

On n'a qu'à comparer la liste des trente éponymies pour se persuader que la fête citée représente effectivement le 2e jour du mois. Le dieu Chons, la lune, est donc censé être né au deuxième jour du mois par rapport à la première apparition visible du disque lunaire au ciel le jour suivant la nouvelle lune.

17. On a eu longtemps l'opinion erronnée, et je vois que quelques savants ne l'ont pas encore quittée, que le groupe de l'éponymie du 2e jour (voy. les variantes à la pl. III, N° 7, a—k) signifie la fête du premier jour du mois. Cependant le tableau des jours éponymes à Edfou se refuse à cette interpré-

---

*) La forme antique du verbe bak se rencontre p. ex. au pap. Anastasi N IV, pag. 9, l. 1. C'est là: baka. Le radical antique s'est bien conservé en copte sous la forme ⲉⲡ-ϫⲟⲕⲓ qui signifie concipere, gravida fieri, d'où ⲛϫⲟⲕⲓ conceptio. Il ne faut pas confondre ce verbe avec cet autre buχ (voy. Denkm. IV, 60, b) qui signifie naître et que les traductions démotiques (voy. „Rhind-papyri" pl. 1, 2 — XXIV, 2 — XXVII, 3) rendent par: mes naître. Le verbe buχ, que nous allons rencontrer toute-à l'heure, s'est conservé en copte, à ce qu'il paraît, sous la forme ⲟⲩϩⲉ abortus, partus abortivus.

tation. Le premier jour, comme nous venons d'apprendre, c'est la néoménie, où la lune est conçue, le 2ᵉ jour c'est le jour de sa naissance, si l'on veut de sa naissance prématurée, en regardant le sens du dérivé copte ⲟⲩϩⲉ partus abortivus.

18. Une foules de textes religieux font allusion à ces idées. C'est ainsi que le chapitre 135 du Rituel funéraire fait savoir que le mort devait prononcer les paroles dudit chapitre: χeft àḥāu em renp haru abod-ḥeb „quand la lune est en croissant à la fête du 2ᵉ jour du mois." Rien de plus clair que le sens de cette phrase dans laquelle le terme renp „croître, se rajeunir" donne le meilleur commentaire pour comprendre la nature de la fête du 2ᵉ jour.

19. Les phases de la lune croissante, dès sa conception et dès sa naissance, étaient comparées à la vie de l'homme dès sa naissance jusqu'à sa vieillesse. Les Égyptiens s'imaginaient, en voulant faire allusion au cours de la vie humaine, que la vieillesse de la lune arrivait le 15 du mois, à la fête de la pleine lune. Le texte que nous venons d'examiner, continue en ces termes:

| *tennu-nef* | *em* | *15-ḥeb* |
| il devient vieillard | à | la fête du 15ᵉ jour. |

Je peux me dispenser de la peine de démontrer la justesse de la traduction: devenir vieillard, que nous venons de supposer au verbe antique tennu déterminé par la figure d'un vieillard courbé par l'âge et s'appuyant sur un bâton. Le verbe tennu, tenà, ten n'est pas rare dans les textes de toute époque (dans l'inscription d'Ahmès à El-kab, p. ex., le défunt se vante: tenà-ku-à „moi aussi j'atteignis à la vieillesse") et on le rencontre partout où des personnes âgées font connaître l'histoire de leurs jours.

20. Le 15 du mois lunaire est en effet le terme où la lune croissante est arrivée au point le plus avancé de son âge. C'est le jour de la pleine lune, ou, comme elle est appelée dans les textes, l'oeil uṭa. Une inscription astrologique que j'ai publiée dans le récit de mon premier voyage en Égypte („Reiseberichte aus Aegypten") planche III, Nº 1, fournit un exemple bien instructif du rapport qui existe entre la pleine lune, appelée uṭa, et la fête du 15ᵉ jour du mois. On y lit: uṭa-t meḥ-t em 15-ḥeb „l'oeil uṭa étant pleine à la fête du 15ᵉ jour du mois." Dans le calendrier de Dendera (voy. pl. VIII, col. 6 vers la fin), on rencontre une expression tout-à-fait analogue: ḥeb-n-15 nu abdu pen haru ḥeb-meḥ-uṭa „à la fête du 15ᵉ jour de ce mois, jour de la fête de la pleine lune."

21. Après avoir démontré dans les recherches précédentes que les éponymies du 1ᵉʳ, 2ᵉ et 15ᵉ jour du mois sont intimement liées aux phases de la lune, à partir de la nouvelle lune jusqu'au jour de la pleine lune, il en résultera nécessairement que les dénominations appliquées aux éponymies précitées sont empruntées au mois lunaire, la première et la plus simple forme de chaque système calendrique basé sur le retour périodique des différentes phases de la lune. Les Égyptiens qui avant l'usage du calendrier fondé sur l'année solaire, se sont servis sans doute de l'année lunaire, laissaient subsister les éponymies lunaires pour désigner les trente jours du mois et les appliquaient aux trente jours du mois dans l'année solaire. Le premier jour de chaque mois fut nommé „fête de la néoménie", sans que réellement la nouvelle lune eût lieu, de même que le quinze du mois fut mis en rapport avec „la fête de la pleine lune", sans que la pleine lune dût entrer ce jour-là.

22. Quant à la nature lunaire des éponymies, je remarque encore que les textes religieux abondent en formules qui s'occupent de ces éponymies lunaires, principalement de ces éponymies en tant qu'elles regardent le 1ᵉʳ, le 2ᵉ, le 6ᵉ et le 15ᵉ jour du mois. Dans un texte sculpté sur un des temples de Karnak (voy. „Denkmaeler" IV, 9, b) le dieu Chons-Thoth, le type des phases lunaires, est titré ainsi „le maître (neb) de la fête éponyme du „2ᵉ jour du mois, le régent (ḥak) de la fête du 15ᵉ jour, qui „[s'engendre] lui-même à la fête de la néoménie."*) Au même endroit la fête éponyme du 2ᵉ jour est signalée, par rapport au dieu, comme ap mes-u-f „le commencement de ses naissances."

23. Un papyrus hiératique funéraire du musée de Berlin (composé pour la dame Naïnaï), qui mérite une étude toute particulière, expose trèsclairement la nature lunaire d'Osiris, en se servant de la notation des jours éponymes pour désigner les jours lunaires. La déesse Isis s'adresse à Osiris en lui disant: „Le dieu Thoth est derrière toi, il établit ton âme „à l'endroit de la barque Maād en ton nom de: **Dieu lune.** Je suis „venue pour contempler tes beautés à l'endroit de l'oeil uṭa „(lune) en ton nom de: **maître de la fête du 6ᵉ jour.** Tes vassaux „(?Šentī-u) sont avec toi, ils ne sont pas séparés de toi, [quand] „tu prends possession du ciel par la grandeur de tes vertus en „ton nom de: **chef de la fête du 15ᵉ jour.**" Vers la fin de son discours, Isis

---

*) Dans la copie de Mʳ. Lepsius le dernier groupe pour la néoménie est méconnaissable, mais, sur le monument, il est parfaitement lisible.

ajoute: īu-ḳ en-nu em sefī ⟨hiero⟩ ☉ „tu viens à nous en petit enfant „au commencement de la lune et du soleil." Cette dernière expression se rapporte à la nature lunaire et solaire d'Osiris, ce dieu étant censé être dans l'état d'un petit enfant le jour de la néoménie ou de la nouvelle lune et le jour du solstice d'hiver (voy. pag. 44, § 11).

24. Dans l'inscription de Rosette, lign. 50 de la partie grecque, le traducteur grec s'est servi de l'expression: ἀπὸ τῆς νουμηνίας τοῦ Θωῦθ pour dire „du premier Thoth." Mr. Letronne a fait la remarque, que „Le thoth ou thoyth, comme tous les mois de l'année solaire vague égyptienne, ne pouvait que par le plus grand des hazards, commencer à la nouvelle lune. Le rédacteur grec a donc tout simplement exprimé le premier du mois par un nom grec qui n'avait de sens que dans son propre calendrier: c'est ainsi que Ptolémée dit la néoménie des Épagomènes, pour le 1er des Épagomènes, et la néoménie de thoth, pour le 1er. Dans ces divers cas, on ferait un contre-sens en traduisant νουμηνία par nouvelle lune. Ceci est encore un indice que la rédaction primitive est grecque; dans l'hypothèse où le grec aurait été écrit après l'égyptien, celui-ci exprimant le quantième par le premier, le redacteur grec n'aurait pas été chercher le mot néoménie (voy. „Recueil des insc. gr. et lat. de l'Ég. t. I, p. 324)."

25. En face du tableau des trente éponymies hiéroglyphiques, où le premier du mois est exprimé par le groupe de la néoménie, l'assertion du savant helléniste perd de valeur quant à l'origine grecque de la traduction ἀπὸ τῆς νουμηνίας. Quoique dans le texte hiéroglyphique de l'inscription de Rosette le passage correspondant soit exprimé simplement par ☉ haru 1 „jour premier", l'usage de dire „la néoménie", „la fête du mois" etc. au lieu du 1er, du 2e etc. du mois est si bien égyptien que les monuments nous en fournissent de nombreux exemples. En voici quelques-uns.

26. Dans le calendrier de Dendera (pl. VIII, col. 2) le premier du mois d'Epiphi est indiqué par le groupe de la néoménie, de même que le 1er Pachon col. 5. Ibid. col. 6 on rencontre successivement les dates du 1er—5e, du 11e et du 15e jour d'un mois. Le nombre 15, qu'on y devait attendre, est remplacé par le nom de l'éponymie „fête du quinze." Dans le calendrier géographique d'Apollinopolis Magna, les jours de fête consacrés à la divinité principale du nome Héliopolitain (voy. pl. VI, 13, B) sont exprimés par: „à la fête „de la néoménie (le 1er), à la fête de Six (le 6e), à la fête de Ten (le 7e), à la fête du Quinze (le 15e)." Dans le calendrier d'Esneh, sous la date du 3 Pharmuthi, il est dit que „la dernière divine naissance du dieu Horus se fait

"⟨hierogl.⟩ „à la fête éponyme du 2ᵉ jour de ce mois." Ainsi on trouvera une foule d'autres exemples qui prouveront la remarque énoncée ci-dessus.

27. Un exemple bien curieux est fourni dans la longue bande d'hiéroglyphes qui est sculptée au-dessus de la scène d'une panégyrie fêtée, par le roi Ramsès III, au dieu ithyphallique Min ou Min-ti, dans le temple de Médinet-Abou. Champollion, dans ses „Lettres écrites d'Égypte et de Nubie" p. 343 suiv. a donné une description détaillée de la cérémonie représentée dans les bas-reliefs. „Une ligne de grands hiéroglyphes, ajoute-t-il, sculptés au-dessus du tableau et dans toute sa longueur, annonce que cette panégyrie (*HBA!*) en l'honneur d'Amon-Hôrus eut lieu à Thèbes le premier jour du mois de paschons." Cette date a donné lieu à des recherches astronomiques et chronologiques sans que personne se soit aperçu de l'erreur fondamentale contenue dans l'interprétation de Champollion et détruisant toutes les conséquences historiques qu'on a cru devoir en ressortir. Voici la légende:*)

abod 1 n šem	χeper-f	ḥeb	Min-ti	ȧm-f	ta-per.t-ḥeb
au mois de Pachon	il est	la fête	de Min	en lui	à la fête du 26ᵉ jour.

Comme on voit, il ne s'agit pas ici du premier Pachon, aucun chiffre n'étant ajouté au groupe du mois pour en fixer le jour. Mais remarquez qu'à la fin de la date, on trouve la notation de l'éponymie du 26ᵉ jour du mois qui sert, ici comme ailleurs, à remplacer le chiffre du quantième. La fête appelée per.t est signalée dans le tableau d'Edfou; la seule différence de la notation de Médinet-Abou consiste en ce que le scribe égyptien a muni le mot féminin per.t de l'article féminin ta. La date du 26 Pachon reçoit sa confirmation par le grand calendrier de Ramsès III (publié par Mr. Green), où le même jour est désigné comme l'époque „du couronnement" (⟨hierogl.⟩) du pharaon Ramsès III.

---

*) Il y a, dans cette inscription, un leger doute quant au groupe que nous avons transcrit χeper-f et traduit par „il est." Les copies portent le signe ⟨hierogl.⟩ neb au lieu de ⟨hierogl.⟩. Mais χeper-neb ne donne aucun sens, si l'on ne veut pas supposer que ⟨hierogl.⟩ représente le caractère ⟨hierogl.⟩ et que ⟨hierogl.⟩ est défiguré du signe ⟨hierogl.⟩ ou d'un autre qui lui ressemble. C'est pour cela que j'ai osé la correction préliminaire χeper-f par la seule raison que, dans une date du temps de Thothmosis III (voy. de Rougé, „Phénom. célestes" p. 25), le verbe χeper, accompagné d'un t et du caractère f, entre dans la composition d'une phrase toute analogue. J'ai prié un ami qui voyage à présent en Égypte, de vouloir vérifier la rectification proposée, en face de l'inscription. La présence de la préposition ȧm, ⟨hierogl.⟩, en, dans, fait présumer un verbe qui précède et qui explique la formule en lui.

28. Ces exemples suffiront, je pense, pour prouver la manière dont les 30 éponymies remplaçaient le système des chiffres dans la numération des quantièmes. Les inscriptions abondent d'exemples, et dans la deuxième partie de ce mémoire nous aurons l'occasion d'en faire valoir l'application.

29. Il ne sera pas inutile d'observer encore que l'emploi le plus fréquent des éponymies se trouve sur les monuments dans les cas où elles annonçaient le retour périodique de telle fête, tel jour des douze mois de l'année égyptienne, comme dans cet exemple que j'ai cité du calendrier géographique d'Apollinopolis Magna.

30. Des traces évidentes de ces éponymies sont conservées dans le traité de Plutarque sur Isis et Osiris. Chap. 42 cet auteur raconte que les Égyptiens mettaient le démembrement d'Osiris en 14 parties en rapport avec les jours du décroissement de la pleine lune jusqu'à la nouvelle lune et qu'ils appelaient le jour de la nouvelle lune: ἀτελὲς ἀγαθὸν „le bien imparfait." Dans le calendrier de Dendera (pl. VIII, col. 2) le jour de la néoménie du mois d'Epiphi est surnommé ⌾ (١) ce qui rappelle un peu le nom transmis par Plutarque. Il est vrai que dans l'inscription de Rosette la traduction grecque (l. 36) rend cette même expression du texte hiéroglyphique (l. 5) par ΑΓΑΘΗΙ ΤΥΧΗΙ.

A la pleine lune, selon Plutarque (chap. 8), les Égyptiens avaient la coutume d'immoler un cochon et d'en manger la viande. Ces deux dates ne se rapportent pas aux phénomènes de la nouvelle et de la pleine lune, qui supposerait l'année lunaire, mais aux éponymies du 1er et du 15e jour des douze mois.

La troisième date chez Plutarque, se rapportant sans doute aux éponymies du mois, se trouve chap. 52 du traité nommé. Horus, dit-il, fils d'Isis, a, le premier de tous, offert une offrande à Hélios le 4e jour du mois (τετράδι μηνὸς ἱσταμένου πάντων πρῶτος Ὧρος etc.).

Les commentateurs ont cru reconnaître dans ce passage une faute de copie, en supposant que dans le mot πάντων se cache le nom du mois égyptien. Mais il ne s'agit pas ici du 4e jour d'un certain mois, mais de l'éponymie du 4e jour pour les douze mois de l'année égyptienne, celui que le tableau d'Edfou cite sous le nom de: „fête de Per-smat" (apparition de Smat).

§. 15. CORRESPONDANCES CALENDRIQUES
DANS UN CERTAIN NOMBRE DE DATES MONUMENTALES.

1. Nous avons exposé et discuté dans le § précédent la liste des trente fêtes éponymes, qui selon les indications monumentales, servaient à rem-

placer en quelque sorte le système de la notation des dates moyennant les signes numériques de l'écriture antique. Quoique la connaissance de ces éponymies soit assez importante et rende un très-grand service pour l'intelligence des dates exprimées à l'aide des éponymies du mois, la discussion ne s'arrête pas là, mais oblige à faire une curieuse remarque dont nous allons exposer l'objet.

2. En examinant un certain nombre de formules contenant des dates du calendrier égyptien, on ne pourra pas se soustraire à l'observation que les dates en question présentent, auprès des signes numériques exprimant le quantième du mois, le nom d'une des trente éponymies que nous venons de connaître.

3. La première idée pour expliquer ce fait, serait de présumer qu'il s'agit dans ces cas d'une double notation calendrique, de manière que les signes numériques servant à indiquer le quantième du mois, seraient accompagnés du nom de la fête éponyme correspondante. Prenons par exemple la date du 26 Pachon, on pourra s'attendre à rencontrer après les chiffres 26 le nom de la fête heb per-t qui, dans l'ordre des trente éponymies, correspond au 26e jour du mois.

4. Mais en examinant de plus près les inscriptions qui nous fournissent des exemples de la double notation, moyennant les signes numériques et les fêtes éponymes, il se présente une très-grave difficulté. On se convaincra que, loin d'être en correspondance systématique, les dates exprimées par les noms des fêtes éponymes diffèrent des dates indiquées au moyen des signes numériques. Je vais prouver ce fait incontestable par quelques exemples.

5. Dans le tableau dit statistique de Karnac, exécuté en mémoire des campagnes du roi Thothmosis III, en Asie et en Afrique, et contenant le récit du butin rapporté des pays vaincus, il y a la date suivante qui, pour son interprétation, n'offre aucune difficulté:

ter-t	23	I-šem	haru	21	n	ḥeb	n	ḥeb-n-paut
l'an	23	au mois de Pachon	jour	21	à	la panégyrie	de	la néoménie.

J'ai analysé la dernière partie de cette légende dans mon Journal égyptien ann. 1863 p. 31. C'est cette même inscription dont j'ai publié la traduction dans „l'Histoire d'Égypte." J'y ai cité la date du 22 Pachon au lieu du 21e jour. Une inspection nouvelle du passage en question sur le monument, due à un savant voyageur en Égypte, m'a donné la certitude qu'il y a effectivement le 21 Pachon, conformément à la copie publiée par M^r. Lepsius dans les „Denkmaeler" Abth. III, pl. 32, col. 14.

6. La présence du groupe pour la néoménie mise en correspondance avec la date du 21 Pachon de l'année 23 du règne de Thothmosis III, a engagé, en Angleterre, plusieurs savants, qui y veulent reconnaître une indication véritablement astronomique, de soumettre cette date au calcul astronomique et ils ont obtenu des résultats qui paraissent être d'accord avec la place chronologique du règne de Thothmosis III, au milieu de la 18e dynastie thébaine.

7. Pour moi ce sens astronomique renfermé dans la présence de la fête de la néoménie, n'existe pas. La néoménie remplace simplement le premier jour du mois et la notion calendrique établie dans la date citée, se restreint à la correspondance:

le 21 Pachon [qui correspond au] 1er jour [d'un mois dont on a supprimé le nom].

8. Autres exemples. Sur une des colonnes, ornées de sculptures et d'inscriptions, du temple d'Esneh, il y a la mention d'une fête, célébrée en l'honneur de la déesse Isis, le dernier jour du mois Athyr. La déesse est dite entrer*) ce jour dans le ⚬—○. Le groupe hiéroglyphique nous offre une variante assez reconnaissable de l'éponymie du 8e jour du mois qui, dans la liste des éponymies d'Edfou, se présente sous la forme ⚬. D'après ce que j'en ai dit au § 10 de ce mémoire, le signe ⚬— ou ⚬ alterne dans les inscriptions avec le caractère ⚬ tep, de sorte que l'identité des groupes ⚬—○ et ⚬○ n'est pas assujettie au moindre doute. La date citée dans le texte sur la colonne d'Esneh, indique nécessairement la correspondance:

le 30 Athyr [correspondant] au 8e jour [d'un mois dont on a supprimé le nom].

9. Dans le même calendrier (voy. pl. XIII, col. 18, d à la fin) il y a

---

*) L'expression égyptienne, que nous avons traduite „entrer", signifie plus littéralement „sortir vers..." C'est le verbe per (en copte ⲡⲓⲣⲉ, ⲫⲓⲣⲓ-ⲉⲃⲟⲗ oriri, exoriri) qui, construit avec ⟨⟩ er-ḥa, „vers....", n'est par rare dans les textes sur les monuments. Je cite comme exemples la fête du 4 Tybi (calendrier d'Esneh) appelée per-er-ḥa en Ȧr-ḥes-nefer „la sortie du dieu Arfhesnefer" et la légende dans les „Denkmaeler" IV, 79, b, où l'on dit du dieu ithyphallique Min-rā: per-er-ḥa em [...] em ḥeb-n-paut „sortant du [temple?] à la néoménie" c.-à-d. le premier jour du mois.

sous la date du cinquième jour épagomène, appelé **mes-Nebtehut** „naissance de Nephthys", mention de la fête éponyme du 8ᵉ jour selon la liste d'Edfou. Nous voilà de nouveau en présence d'une correspondance:

> 5ᵉ jour épagomène [correspondant] au 8ᵉ jour [d'un mois dont on a supprimé le nom].

10. Ces exemples suffiront, nous le pensons, à démontrer l'existence de la double notation de dates à l'aide des chiffres de 1 jusqu'à 30 et des fêtes éponymes pour les trente jours du mois. Il s'agit encore de savoir si réellement les anciens Égyptiens ont voulu indiquer quelquefois une date par la double notation se rapportant assurément à deux années différant l'une de l'autre pour le jour de leur commencement.

11. Nous croyons être à même de constater cette hypothèse par un fait important qui prouve l'évidence de ce que nous venons d'avancer sur les correspondances calendriques. Ce fait est signalé dans un passage des „Rhind-papyri", renfermant une date et se rapportant au jour de décès de Sauf, gouverneur d'Hermonthis. Pag. I. lign. 10 du papyrus (I), après la mention de l'an 21 du règne d'Auguste (appelé Kaisaros), on trouve la formule:

n	pe	meḥ-ut	àu-àr-f	abod-3-še(m)	haru	10	meḥ
selon	l'	accomplissement	qui fait	le mois d'Epiphi	le jour	10ᵉ	remplissant

haru	16	ḥebs-tep-ḥeb
le jour	16ᵉ	à la panégyrie ḥebs-tep.

12. Pour comprendre cette légende, il faut étudier le sens que le verbe meḥ renferme. En copte le radical antique s'est conservé dans son dérivé ⲙⲉϩ, ⲙⲁϩ, verbe signifiant **implere, impleri, plenus esse, explere numerum**. C'est cette dernière signification qui nous aidera à entrer dans le sens de la phrase. La forme substantive pe-meḥ-ut se rapporte indubitablement à la partie suivante: haru 10 meḥ haru 16 „dies 10ᵘˢ explens diem 16ᵘᵐ", pour indiquer qu'il s'agit, dans cette double notation du jour, d'une manière particulière de fixer la date. C'est comme si l'on disait: tel jour remplissant tel autre c.-à-d. coïncidant avec lui. Le sens de la formule est donc: la personne est morte l'an 21 de César „selon la coïncidence qui fait que „le 10 Epiphi coïncide avec le 16ᵉ jour." Le texte démotique offre les mêmes paroles, seulement il est à observer que la date du 10 y est ex-

primée par le chiffre employé pour la notation des jours du mois (voy. notre „Grammaire démotique" p. 59. § 132), tandisque le 16ᵉ jour est désigné par les chiffres ordinaires.

Nous avons donc ici un exemple très-instructif d'une correspondance de deux jours, dont le deuxième n'est pas exprimé moyennant la notation d'une fête éponyme, mais d'un groupe numérique indiquant le quantième d'un mois dont le nom est supprimé également comme dans les exemples précédents.

Nous ne voulons pas passer sous silence que, selon Mʳ. Birch, la traduction de la légende que nous venons d'examiner, serait en anglais: „the funeral was „made from the 10ᵗʰ to the 15ᵗʰ Epiphi, clothed, prepared, and . . . . ." Nous avouons franchement de ne pouvoir pas comprendre les raisons qui ont induit le savant égyptologue à cette interprétation hardie.

13. Quoique les exemples de cette datation moyennant la formule „meḥ" soient extrêmement rares, l'étude des monuments m'a fourni cependant deux autres exemples analogues à la notation dans le passage cité des „Rhind-papyri" et contenus dans le grand calendrier d'Esneh.

Sous la date du 25 Pachon, où l'on célébrait une fête en l'honneur des grandes divinités de la ville Sāḥu-rā, on trouve la remarque finale meḥ haru 6 „explens diem 6ᵘᵐ c.-à-d. coïncidant avec le 6ᵉ jour."

De plus, la date du 29 Epiphi, où l'on devait fêter une panégyrie en l'honneur „des divinités", se termine par meḥ haru 3 „coïncidant avec le 3ᵉ jour."

Nous étudierons plus bas ces coïncidences dont nous avons voulu signaler l'existence à cet endroit.

Dans le calendrier de Ramsès III à Médinet-Abou la date du 23 Paophi (le 5ᵉ jour de la panégyrie d'Amon) se termine par la légende meḥ haru 3 n ḥeb „coïncidant avec le 3ᵉ jour de la panégyrie." On pourrait expliquer d'abord cette phrase ainsi: „les jours de la panégyrie sont remplis", mais je vais démontrer plus bas que le sens peut être celui que je viens de proposer comme indication d'une coïncidence.

§. 16. ORIGINE DES CORRESPONDANCES CALENDRIQUES.

1. Nous voilà arrivé à la question la plus difficile de nos recherches. Après avoir démontré l'existence de doubles dates, que nous avons appelées correspondances calendriques, il reste à savoir si les monuments four-

nissent les matériaux pour retrouver le système et la correspondance réciproque des deux années, auxquelles, de toute nécessité, ces doubles dates devaient se rapporter. Nous croyons être à même de résoudre cette question.

2. Nous remontons jusqu'à la sixième dynastie manéthonienne et nous rappelons la mémoire du roi ⟨▭▭⟩ Pepī, appelé ainsi par son nom de famille, et ⟨▭▭⟩ Rā-merī ou Merī-rā (en dialecte populaire ce serait Ménophrès d'après l'analogie de Merī-en-Ptaḥ = Menophthès ou Menephthès; Merī-Amun = Miamun) par son nom officiel. Dans les listes de Manéthon c'est le roi Φίωψ, le quatrième roi de la dynastie précitée. Dans le canon des rois thébains donné par Ératosthène, il porte le nom Ἄπαππος „qui régna, dit-on, 100 ans moins une heure." Il y a, du règne de ce pharaon, une inscription hiéroglyphique sculptée sur les rochers de la route de Hamamât, conduisant de la ville de Koptos à la mer Rouge, laquelle contient, d'après nous, une indication extrêmement précieuse pour la solution de la question calendrique qui nous occupe dans ce moment.

3. L'inscription, dont je viens de relever l'importance et qui nous servira de guide dans nos recherches chronologiques, accompagne un tableau, sculpté également sur le rocher. J'en ai donné déjà la description dans mon „Histoire d'Égypte" vol. I, p. 46, et voici les termes dont je me suis servi: „C'est là aussi (à Hamamat) que les voyageurs ont découvert ce curieux tableau représentant les deux figures du roi Pepj, assis sur son trône, et muni des emblèmes du pouvoir royal. Sur l'une des figures sa tête est surmontée de la couronne de la Haute-Égypte; sur l'autre, elle est décorée de celle de la Basse-Égypte. On y a ajouté les deux noms du roi et une inscription tracée au-dessous, nous fait connaître **que Pepj a pour la première fois célébré une panégyrie, au commencement d'une période dont on ignore jusqu'à présent la durée.**

Lors de la rédaction de ces paroles, j'ignorais avec tout le monde le véritable sens de cette légende que je vais discuter à présent avec tous les détails qui nécessairement s'y attachent et n'en peuvent pas être séparés.

4. La légende est bien courte. La voici: ⟨▭▭⟩. Avec les connaissances qu'on a maintenant du dictionnaire hiéroglyphique, elle peut s'interpréter: „la première fois de la célébration d'une panégyrie." L'auteur de la „Chronologie des anciens Égyptiens" traduit (p. 162 Introduction): „le premier jour de la Panégyrie appelée Set", en remarquant que d'après cela la durée de la célébration de cette panégyrie aurait du embrasser plusieurs jours.

Nous allons prouver d'abord l'impossibilité de cette traduction quant au mot jour.

5. Toute l'importance de l'inscription pèse sur le sens exact du groupe ⊙ qui, selon M⁏. Lepsius, signifierait **premier jour**. Mais remarquons d'abord que les bons textes hiéroglyphiques n'offrent pas le signe pour le jour ⊙, mais le cercle à double ⊚, ou ⊚ (cercle rempli de petits points) ou ⊛, ⊛, le signe très-connu pour la syllabe **supu**, **sep**, ▭, ou le simple cercle ○. Et en effet l'étude attentif des textes nous fait connaître des variantes d'après lesquelles ce cercle et ses variantes devaient se prononcer **sep**. Qu'on compare, par exemple, les légendes dans les „Denkmaeler" III, 38, d, où il y a [hiéroglyphes] et [hiéroglyphes] pour désigner la même chose, et les deux textes identiques dans le même ouvrage III, 50, b et III, 56, a, où se répondent [hiéroglyphes] et [hiéroglyphes]. L'équivalence fournie par les monuments est partout: [hiér.] égal à [hiér.] égal à [hiér.]. Le changement de la tête 𓁸 avec le signe synonyme 𓏺 s'expliquera aisément d'après les remarques au § 10 de ce mémoire. Laissant encore en doute la signification du mot [hiér.] **sep**, qui en général se présente avec le sens **fois, vices,** analogue à: ⲥⲟⲡ, ⲥⲁⲡ, ⲥⲱⲡ, ⲥⲟⲟⲡ, ⲥⲉⲡ, ⲥⲡ etc. **vices, vicis** en copte, nous ne pouvons présenter préalablement que la traduction „premier **Sep**."

6. Comparons ensuite une autre inscription du temps de Phiops, sculptée également sur les rochers de Hamamât. Elle est publiée dans les „Denkmaeler" III, pl. 115, g. Son importance consiste dans ce que l'époque exprimée par ⊙ 𓏺, est accompagnée, grâce à un heureux hazard, de la notation du jour et de l'année du règne du même roi **Pepī-Phiops-Apappos**. Voici ce texte:

ter	χet	18	(Epiphi)	haru	27	sut.-χeb	Rā-merī	ānχ
l'an	de retardre	18	mois Epiphi	jour	27	du roi	Ménophrès	vivant

θet	sep-tep	sed	heb
éternellement	au premier Sep	célébration?	d'une panéyrie

7. Laissant de côté pour à présent l'explication du mot χet, que nous discuterons plus tard, il résulte de cette date que l'an 18 du règne de Phiops le **premier Sep** tomba sur le 27ᵉ jour du mois d'Epiphi. Il va sans

dire que cette date, malgré la simplicité de l'inscription, devait contenir quelque correspondance chronologique qui, aux yeux des anciens Égyptiens, fut jugée assez importante pour la mentionner et pour lui consacrer une place si proéminente sur les rochers de la route de Hamamât.

8. Les recherches se transportent de nouveau sur le sens renfermé dans le groupe du premier Sep, la date du 27 Epiphi n'ayant, à la première vue, aucune signification de nature à nous expliquer l'importance de ce jour dans la série des 365 de l'année, si ce n'est qu'elle rappelle le 28 du mois d'Epiphi, marqué, sous le règne de Thothmosis III, comme le jour du lever de Sirius. En discutant cette dernière date à la page 33 suiv. de ce mémoire, nous avions énoncé la conjecture que, selon toute apparence, le 28 Epiphi appartenait à une année qui, pour son commencement, différait de l'année fixe dont le 1er Thoth signalait le lever de Sirius.

9. Nous allons mettre à l'évidence cette conjecture par l'observation suivante. Dans la chapelle funéraire thébaine d'un certain Ȧnḥir, gouverneur de la ville de Thinis (This des géographes), il y a, sculpté sur les parois en caractères hiéroglyphiques, un texte qui donne connaissance d'une offrande funéraire présentée à la divinité à un certain jour de fête. Voici cette inscription:*)

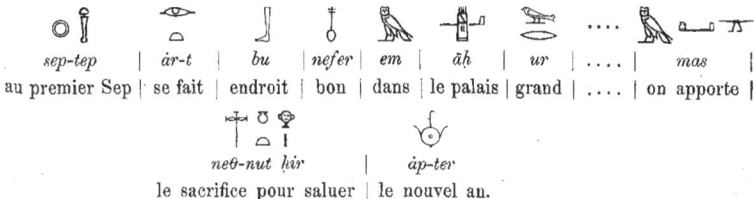

| *sep-tep* | *ȧr-t* | *bu* | *nefer* | *em* | *āḥ* | *ur* | .... | *mas* |
| au premier Sep | se fait | endroit | bon | dans | le palais | grand | .... | on apporte |

| *neθ-nut ḥir* | *ȧp-ter* |
| le sacrifice pour saluer | le nouvel an. |

10. L'interprétation de cette légende n'offre pas de difficultés. Les mots ȧr bu nefer, dans les textes funéraires, contiennent une expression qui, pour le sens y inclus, ne diffère pas de cette autre formule employée plus ordinairement dans les textes: ȧr haru nefer „faire un bon jour" c.-à-d. „faire un jour de fête." Le „grand palais" (le mot āḥ, peut signifier aussi quelque partie d'un temple) est un euphémisme pour le tombeau ou la chapelle funéraire. Quant aux groupes qui se lisent neθ-nut ḥir et que nous avons traduits par „le sacrifice pour saluer", ils signifient, au commencement des hymnes et des prières adressées aux divinités, salut à .... Mais d'un autre

---

*) Nous l'avons donnée d'après notre copie prise sur les lieux. Elle se trouve aussi reproduite dans les „Denkmaeler" (III, 63, b).

côté on peut observer que la même phrase, très-souvent exprimée par le signe ✝ à lui seul, sert à indiquer un sacrifice particulier offert à la divinité le jour du nouvel an, consacré spécialement au souvenir des morts.

11. C'est ainsi qu'on rencontre parmi les textes qui ornent la chapelle funéraire d'un certain Àntef-àker, à Thèbes, la légende suivante:

mauu	*neθ-t ḥir*	*haru*	*ḥeb àp-ter-t*
aspect	du sacrifice pour saluer	le jour	de la fête du nouvel an.

Dans le calendrier géographique d'Apollinopolis Magna (voy. pl. VI, Nº 7, B) sous le régistre du septième nome de la Basse-Égypte, on dit, en parlant du dieu de ce nome:

àr-nef	*ḥeb neθ*	*neter pen*	*em*	*(Thoth)*	*haru*	1
il a fait	la fête du sacrifice pour saluer	ce dieu	au	mois de Thoth	jour	1

„il (le roi) a célébré la fête du sacrifice (neθ) pour saluer ce dieu le 1er jour „du mois de Thoth."

Je crois que ces deux exemples suffiront à prouver mon assertion au sujet de la fête citée quant à son association avec le premier jour de l'an.

12. La légende tirée du tombeau d'Ànḥir se comprendra maintenant d'elle-même. Il s'agit d'un sacrifice funéraire offert, en mémoire du défunt, le 1er Sep c.-à-d. le jour du nouvel an. Le „premier Sep" est une autre expression pour désigner le commencement de l'an. La modification apportée par cette double date du nouvel an, sera exposée dans le paragraphe suivant.

13. Connaissant ce fait important, grâce aux indications monumentales, il devient d'un haut intérêt d'entrer dans le sens général de la double date contenue dans la deuxième inscription de Hamamât. Elle fait savoir à la postérité que, d'après le système des deux années différant l'une de l'autre pour leur commencement, le 27e jour du mois d'Epiphi, l'an 18 du règne de Phiops, coïncidait dans l'une avec le jour du nouvel an (premier Sep) dans l'autre.

Nous allons maintenant reconstruire, selon les dates monumentales, la forme et la correspondance de ces deux années, après avoir soumis le groupe exprimant „le premier Sep" à un examen philologique.

§ 17. ÉTUDE SPÉCIALE SUR CE GROUPE HIÉROGLYPHIQUE:

○𓊪 ═ ○𓋴.

1. Les lumières que les indications monumentales répandent philologiquement sur le groupe en question, se réduisent aux variantes suivantes: ○𓊪, 𓊖○𓊪, ○𓋴, 𓊖○𓊪 sep-tep qu'il faut se garder de confondre avec la fête: 𓋴○ (var. 𓊪○, ⊏═○) désignant l'éponymie du 8ᵉ jour du mois (voir le tableau pl. IV, A, sous le numéro 8). L'analyse du groupe sep-tep „premier Sep" ne présentant pas de difficulté pour la lecture, la difficulté repose seulement dans le sens du mot Sep que nous allons étudier dans les recherches suivantes.

2. Ainsi comme nous l'avons avancé à la page 102 de ce mémoire, la racine sep se reproduit en copte sous les formes ⲥⲟⲡ, ⲥⲁⲡ, ⲥⲱⲡ etc. qui ont la signification du mot latin vices, vicis. Avec cette connaissance il faudrait traduire le composé sep-tep par „la première fois", comme cela a été fait, dans leurs analyses et traductions de textes égyptiens, par Mʳ. de Rougé et par d'autres savants.

3. Il s'agit à présent d'examiner attentivement le mot sep, pour reconnaître s'il ne s'est pas conservé sous un autre sens dans la langue copte. Parmi tous les mots que présente le dictionnaire copte, nous n'en trouvons qu'un seul qui paraisse répondre à nos désirs. C'est le mot ⲁⲥⲫⲟⲧⲓ, ⲁⲥⲫⲱⲟⲧⲓ qui, selon le dictionnaire copte publié par Mʳ. Tattam, comporte la signification de primus annus.

4. Avec la connaissance du groupe antique ○𓊪, l'origine du mot copte que nous venons de citer, n'est pas difficile à établir. Ce qui hiéroglyphiquement est exprimé par sep-tep „premier Sep" pouvait être rendu d'une autre manière et il a été rendu en copte par le mot ϩⲁ (nous avons discuté son prototype antique ha ═ „la tête, le commencement") suivi du mot ⲥⲫⲟⲧⲓ, ⲥⲫⲱⲟⲧⲓ qui assurément ne présente que la forme du pluriel du thème antique sep ou sop, d'après l'analogie des pluriels coptes: ⲥⲛⲏⲟⲩ du singulier ⲥⲟⲛ „frère", ⲁⲫⲏⲟⲩⲓ de ⲁⲫⲉ „tête", ϩⲃⲏⲟⲩⲓ de ϩⲱⲃ „ouvrage", ⲥⲉⲃⲑⲟⲗⲟⲧ de ⲥⲟⲃⲧ „muraille", ⲃⲣⲏⲟⲧⲉ de ⲃⲓⲣ „corbeille" et bien d'autres encore. ϩⲁ-ⲥⲫⲟⲧⲓ, ϩⲁ-ⲥⲫⲱⲟⲧⲓ, ou avec l'omission de la lettre initiale ϩ (comp. ⲁⲛⲑⲟⲩⲥ „lézard", hiérogl. hantasu, ϩⲗⲟⲗ et ⲗⲟⲗ „caligo" en copte etc.) signifie donc „le commencement des Sep."

5. La traduction copte „primus annus" apprend sur le champ que

l'expression antique ⊙, sep, avait le sens de „annus" de sorte que ⲥⲉⲫⲱⲟⲧⲓ signifiait la tête ou le commencement d'un cycle d'années, c'est-à-dire la première année de ce cycle, tout pareillement comme le groupe synonyme ⊙𝄆.

6. Nous sommes porté à croire que la résolution complète de la question qui nous occupe, est fournie par un passage dans les „Hieroglyphica" d'Horapollon. L'auteur de cet ouvrage apprend à ses lecteurs entre autre (II, 89): „Si les Égyptiens veulent désigner un homme qui a vécu son âge convenable, il peignent la figure d'une corneille morte; car celle-ci vit 100 années égyptiennes: mais l'**année égyptienne** (ἔτος κατ' Ἀιγυπτίους) **se compose de quatre années** (τεττάρων ἐνιαυτῶν)." Dans un autre passage (I, 5) le même auteur affirme: „s'ils veulent représenter en écriture l'**année future** (ἔτος τὸ ἐνιστάμενον), ils peignent le **quart d'une aroure**, l'aroure étant une mesure terrestre de 100 coudées. S'ils veulent dire **année** (ἔτος), ils se servent de l'expression le **quart**, puisqu'on ajoute, comme ils prétendent, d'un lever de l'étoile Sothis jusqu'à l'autre lever, le quart d'un jour pour en faire l'**année du dieu** (τὸ ἔτος τοῦ θεοῦ), composée de $365^{1}/_{4}$ **jours**. Par cette raison, à chaque espace de quatre années, les Égyptiens comptent un jour de plus, car quatre quarts équivalent à un jour."

Malgré quelques difficultés que ce passage contient, il en résulte cependant: 1) que les Égyptiens, comme je vais le prouver dans ce mémoire, connaissaient l'année de $365^{1}/_{4}$ jours appelée, d'après Horapollon, l'**année du dieu**; 2) que quatre années formaient une période, après la fin de laquelle on ajoutait un sixième jour complémentaire aux cinq jours épagomènes, de sorte que la quatrième année, l'année bissextile, se composait de 366 jours; 3) que le commencement du cycle fut marqué astronomiquement par le lever de Sothis; 4) qu'on exprimait, en écrivant, l'idée année par le signe du **quart d'une aroure** et, en parlant, par le mot **quart**.

7. Il est évident que la tétraetéris d'Horapollon est identique avec l'année fixe que je nomme année sacrée, et je suis porté à croire maintenant que le groupe ⊙𝄆 et ses variantes est celui dont parle Horapollon en affirmant que pour signaler l'année, plus exactement l'**année future**, les Égyptiens se servaient du signe et du mot pour le **quart** (d'une aroure).

Quoique jusqu'à présent nous ne connaissons pas le signe hiéroglyphique qui indique le quart d'une aroure, il est cependant très-probable que c'est le groupe 𓎛𓈖𓊪 hesep, qui, dans la grande inscription d'Edfou, renfermant un compte exacte des territoires adjacents du temple d'Apollinopolis M. (voy. là-dessus les remarques de Mr. Lepsius dans sa publication: Ueber eine hieroglyphische Inschrift am Tempel von Edfu." p. 74), exprime le quart d'une certaine mesure de longueur de surface.*) Le mot ḥesep se décompose sans difficulté en deux parties phonétiques, ḥe-sep ou ḥa-sep qui rappellent à l'instant la composition ḥa-sep-u (ⲅⲁ-ⲥⲫⲱⲟⲧⲓ) ⲁⲥⲫⲱⲟⲧⲓ „le commencement des Sep", annus primus, que je viens de discuter. Cette comparaison est parfaitement dans l'esprit des autres renseignements dans l'ouvrage susdit d'Horapollon, qui ne représente que le système de l'écriture hiéroglyphique assez défiguré et adopté au temps de la dernière époque de l'existence de cette écriture monumentale.

8. A en croire Horapollon, le groupe ⊡ sep, indiquant l'année du cycle de la tétraetéris, devait signifier plus littéralement le quart de l'année du dieu, le quart de la tétraetéris. Cette dernière aurait dû être exprimée par ⊡ ou ○, ⊙ „quatre quarts." Chaque égyptologue, qui a connaissance des textes, se rappellera à cette occasion que ce groupe, se rencontrant nombre de fois dans les inscriptions, ne se prête pas toujours au sens „de quatre fois", comme on l'a traduit jusqu'à présent, mais qu'il doit signifier quelque autre chose, et justement ce que nous venons d'exposer à nos lecteurs.

9. Le résultat de notre examen est donc que le groupe ○, également comme ⲁⲥⲫⲱⲟⲧⲓ en copte, signifie la première année fixe d'une tétraetéris, et dans un sens plus restreint le commencement de cette première année du calendrier sacré, marqué par le lever de l'étoile Sothis (Sirius). Nous appelerons cette forme calendrique l'année sacrée, par la raison qu'elle ne reproduit pas le système calendrique étant en usage monumentalement pour la notation des dates, mais le système sacré auquel se rapportent les trente jours éponymes du tableau d'Edfou.

10. La date du temps de Phiops combinée avec la légende d'un tombeau à Thèbes, où le premier Sep est mis en rapport avec le nouvel an ⚓, nous a fait connaître que le commencement du premier Sep c.-à-d. de la première année sacrée de la tétraetéris égyptienne, tomba l'an 18 du règne de Phiops sur la date du 27e jour du mois d'Epiphi de l'année civile.

Supposant que l'assertion chez Horapollon au sujet de l'année égyptienne soit exacte, il en résulte que le 27 Epiphi représente la date correspondante au premier Thoth de l'année sacrée qui suivait le dernier jour (le 366e) de la

---

*) voy. Lepsius, die Inschrift am Tempel von Edfu p. 76.

quatrième année précédante de la tétraetéris et que le nouvel an de cette année ainsi que le nouvel an des années 2 et 3 de la tétraetéris devait correspondre au 26e jour du mois d'Epiphi de l'année sacrée.

Le tableau suivant que nous avons dressée sur les indications monumentales, représentera le mieux la correspondance entre ces deux années pour l'époque des premières dix-huit années du règne de Phiops. Nous y avons distingué les années bissextiles par la lettre B.

Années de règne de Phiops	Année sacrée de la tétraetéris commençant le 1 Thoth	Date de l'année civile correspondante au 1 Thoth sac.
1ère . . .	4e B . . .	26 Epiphi
2e . . .	1ère . . .	27 —
3e . . .	2e . . .	26 —
4e . . .	3e . . .	26 —
5e . . .	4e B . . .	26 —
6e . . .	1ère . . .	27 —
7e . . .	2e . . .	26 —
8e . . .	3e . . .	26 —
9e . . .	4e B . . .	26 —
10e . . .	1ère . . .	27 —
11e . . .	2e . . .	26 —
12e . . .	3e . . .	26 —
13e . . .	4e B . . .	26 —
14e . . .	1ère . . .	27 —
15e . . .	2e . . .	26 —
16e . . .	3e . . .	26 —
17e . . .	4e B . . .	26 —
18e . . .	1ère . . .	27 —

11. Le groupe ○ qu'on rencontre si fréquemment dans les textes égyptiens, s'expliquera aisément d'après ce que nous en avons dit. Désignant la première année, et plus spécialement le commencement de la tétraetéris égyptienne, il entrait avec ce sens dans les légendes qui se rapportent à la division du temps. C'est ainsi p. ex. que le lecteur trouvera nombre de formules où la présence de notre groupe fait reconnaître indubitablement des rapports à la grande fête célébrée au retour de ce terme après le 366e jour de la quatrième et dernière année de la tétraetéris.

12. C'est ainsi que les inscriptions sculptées en grands caractères sur les faces d'un des deux obélisques de la reine Hātásu, nous apprennent que "Sa "Majesté érigea les deux obélisques (s-ḥā teχennu 2 án ḥen-t-s) "au commencement de la tétraetéris." Dans les temples égyptiens il y avait une chambre ou salle destinée pour la grande fête panégyrique célébrée au retour de cette époque. C'est ainsi qu'on lit dans les "Denkmaeler" (III, 38, d, époque de Thothmosis III):

s-ḥā-nef | *se-t-f* | *ser-t* | *ent* | *sep-tep*
il a établi | sa salle | magnifique | pour | (la fête du) commencement de la tétraetéris.

Une inscription du même endroit répète la même idée, en se servant de l'expression:

se-t-f | *meti* | *ent* | *sep-tep*
sa salle | destinée | pour | (la fête du) commencement de la tétraetéris.

13. L'expression "millions de commencements de la tétraetéris" est d'un emploi fréquent dans les textes de toutes les époques de l'histoire égyptienne pour dire d'une autre manière un long temps. Je soupçonne que c'est la même expression qui, dans le Rituel funéraire, se retrouve si souvent à la fin des chapitres de ce livre sacré des anciens Égyptiens.

14. En étudiant les textes égyptiens, surtout les inscriptions officielles des monuments publics, le lecteur fera la remarque que notre groupe est lié quelquefois avec d'autres groupes phonétiques, peu étudiés jusqu'à présent, qui se trouvent déterminés par la figure d'un escalier de **quatre** degrés. Ainsi, par exemple, dans les textes gravés sur la base d'un des obélisques de la reine Hātásu à Thèbes, la reine prononce les paroles suivantes: reχ-ku-á ent χu-t pu ápetu tep ta kaí ás en sep-tep "moi aussi je sais que Thèbes "est la montagne solaire sur la terre, le bel escalier pour le commencement "de la tétraetéris."

Parmi les nombreuses légendes sculptées sur les architraves du temple d'Amon à Louqsor, j'ai trouvé celle-ci: ta neb er red-f ka en "le monde entier est à son escalier pour millions de commencements de la té-"traetéris."

Sans pouvoir entrer dans le sens intime qui se rattache aux mots égyptiens déterminés de l'escalier, il en résulte cependant qu'il s'agissait de l'idée de l'ascendance et de la descendence périodique d'une certaine époque, celle de la tétraetéris.

15. Dans un petit nombre de textes cette même époque est mise en rapport avec le dieu solaire de la mythologie égyptienne. Dans les „Denkmaeler" (III, 34, d) le dieu Horus est distingué par le titre:

Ḥor | menχ | χeper | em | sep-tep
Horus | le bienfaisant | qui est créé | au | commencement de la tétraetéris.

16. D'une façon pareille le dieu Šu est surnommé: neter pen em sep-tep „ce dieu au commencement de la tétraetéris" dans le papyrus magique de Mʳ. Harris (I, 11). Mʳ. Chabas, qui a publié ce papyrus, traduit le passage en question: „ce dieu de la première fois", sans tenir compte de la préposition avant le groupe sep-tep, qui à cette place ne peut pas remplacer le génitif. La même divinité est caracterisée, à Ombos, dans une inscription comme Ḥor-ābti χeper em sep-tep „Horus de l'Est créé au commencement de la tétraetéris (voy. Champ. Monum. pl. 99, Nº 4).

17. Aussi le dieu Thoth est mis en rapport avec cette époque si peu étudiée jusqu'à présent. Une légende publiée dans les „Denkmaeler" (IV, 76, e) l'appelle: χem-neter ur χeper em sep tep „le divin chef, le grand, créé au commencement de la tétraetéris." On conviendra avec nous que la traduction „créé pour la première fois" ne présentera guère un sens admissible.

18. Une petite inscription du temple d'Edfou (publiée dans mon Recueil LXXXIV, 2) s'occupe du Nil de Silsilis ou, plus généralement, du Nil de la Haute-Égypte. A la troisième ligne, après un groupe qui me présente encore des difficultés pour son interprétation, on rencontre la phrase: ter sep-tep mes-n-t mer em χen-f „quand à l'époque du commencement de la tétraetéris le fleuve est né en lui."

19. Une inscription du temps de la 18ᵉ dynastie, sculptée sur les rochers de Silsilis (elle est publiée dans les „Denkmaeler" III, 110, 1) débute par les titres du pharaon régnant. Après les avoir terminés elle continue: ... sep-tepi en ḥen-f rāt em hir en ... „au commencement d'une tétraetéris Sa Majesté a donné l'ordre à ..." Cet exemple est d'autant plus curieux que la présence du complément phonétique pi, derrière le signe, donne la certitude que ce caractère se prononçait tep

ou tepi également comme la tête, ainsi que nous l'avions soupçonné à la page 51 de ce mémoire.

20. Dans la longue inscription historique du roi Piānχi, dont M^r. de Rougé a publié récemment la traduction, il y a entre autre un passage qui est en intime rapport avec cette même expression. Il y est référé que le roi éthiopien avait fêté la panégyrie d'Amon thébain „comme l'a fait Rā, le soleil, au commencement de la tétraetéris." Également comme M^r. Chabas, M^r. de Rougé a rendu la dernière expression par „la première fois." La rectification proposée est cependant trop évidente pour la repousser. Du reste nous allons prouver plus bas que la fête de la panégyrie d'Amon de Thèbes se célébrait régulièrement aux commencements des années du calendrier égyptien.

§ 18. TABLEAU SYNOPTIQUE DES 365 JOURS DES DEUX ANNÉES, L'UNE SACRÉE ET L'AUTRE CIVILE.

1. Nous avons composé le tableau en bas sur les indications monumentales que nous avons exposées dans les paragraphes précédents. Notre point de départ est donné dans cette date correspondante:

le 1er Thoth de l'ann. sac. = le 26 Epiphi de l'ann. civ.

En plaçant le lever de Sothis, le 20 Juillet, sur le 1 Thoth sac., il en résulte que le 1 Thoth civ. tombe sur le 29 Août, **date fixe pour le commencement de l'année alexandrine** (voy. pag. 7).

Les cinq colonnes qui composent le tableau, sont dressées dans le but de faciliter aux lecteurs la comparaison des correspondances calendriques se rapportant à l'année sacrée et à l'année civile, pour le cas que le 1er Thoth de l'année sacrée tombe sur le 26, le 27, le 28, le 29 ou le 30 Epiphi de l'année civile. Elles nous serviront plus tard de guide pour l'intelligence de certaines dates monumentales que nous allons examiner au sujet de la question qui nous occupe.

Ordre des jours	Date selon l'année sacrée	Date correspondante selon l'année civile					Date julienne	Ordre des jours	Date selon l'année sacrée	Date correspondante selon l'année civile					Date julienne
		I	II	III	IV	V				I	II	III	IV	V	
1	1 Thoth	26	27	28	29	30 (Epiphi)	20 Juillet	47	17 (Phaophi)	7	8	9	10	11 (Thoth)	4 (Septe
2	2	27	28	29	30	1 Mesori	21	48	18	8	9	10	11	12	5
3	3	28	29	30	1	2	22	49	19	9	10	11	12	13	6
4	4	29	30	1	2	3	23	50	20	10	11	12	13	14	7
5	5	30	1	2	3	4	24	51	21	11	12	13	14	15	8
6	6	1	2	3	4	5	25	52	22	12	13	14	15	16	9
7	7	2	3	4	5	6	26	53	23	13	14	15	16	17	10
8	8	3	4	5	6	7	27	54	24	14	15	16	17	18	11
9	9	4	5	6	7	8	28	55	25	15	16	17	18	19	12
10	10	5	6	7	8	9	29	56	26	16	17	18	19	20	13
11	11	6	7	8	9	10	30	57	27	17	18	19	20	21	14
12	12	7	8	9	10	11	31	58	28	18	19	20	21	22	15
13	13	8	9	10	11	12	1 Août	59	29	19	20	21	22	23	16
14	14	9	10	11	12	13	2	60	30	20	21	22	23	24	17
15	15	10	11	12	13	14	3	61	1 Athyr	21	22	23	24	25	18
16	16	11	12	13	14	15	4	62	2	22	23	24	25	26	19
17	17	12	13	14	15	16	5	63	3	23	24	25	26	27	20
18	18	13	14	15	16	17	6	64	4	24	25	26	27	28	21
19	19	14	15	16	17	18	7	65	5	25	26	27	28	29	22
20	20	15	16	17	18	19	8	66	6	26	27	28	29	30	23
21	21	16	17	18	19	20	9	67	7	27	28	29	30	1 Phaophi	24
22	22	17	18	19	20	21	10	68	8	28	29	30	1	2	25
23	23	18	19	20	21	22	11	69	9	29	30	1	2	3	26
24	24	19	20	21	22	23	12	70	10	30	1	2	3	4	27
25	25	20	21	22	23	24	13	71	11	1	2	3	4	5	28
26	26	21	22	23	24	25	14	72	12	2	3	4	5	6	29
27	27	22	23	24	25	26	15	73	13	3	4	5	6	7	30
28	28	23	24	25	26	27	16	74	14	4	5	6	7	8	1 Octobre
29	29	24	25	26	27	28	17	75	15	5	6	7	8	9	2
30	30	25	26	27	28	29	18	76	16	6	7	8	9	10	3
31	1 Phaophi	26	27	28	29	30	19	77	17	7	8	9	10	11	4
32	2	27	28	29	30	1er jour épagom.	20	78	18	8	9	10	11	12	5
33	3	28	29	30	1	2e „ „	21	79	19	9	10	11	12	13	6
34	4	29	30	1	2	3e „ „	22	80	20	10	11	12	13	14	7
35	5	30	1	2	3	4e „ „	23	81	21	11	12	13	14	15	8
36	6	1	2	3	4	5e „ „	24	82	22	12	13	14	15	16	9
37	7	2	3	4	5	1 Thoth	25	83	23	13	14	15	16	17	10
38	8	3	4	5	1	2	26	84	24	14	15	16	17	18	11
39	9	4	5	1	2	3	27	85	25	15	16	17	18	19	12
40	10	5	1	2	3	4	28	86	26	16	17	18	19	20	13
41	11	1	2	3	4	5	29	87	27	17	18	19	20	21	14
42	12	2	3	4	5	6	30	88	28	18	19	20	21	22	15
43	13	3	4	5	6	7	31	89	29	19	20	21	22	23	16
44	14	4	5	6	7	8	1 Septembre	90	30	20	21	22	23	24	17
45	15	5	6	7	8	9	2	91	1 Choiak	21	22	23	24	25	18
46	16	6	7	8	9	10	3	92	2	22	23	24	25	26	19

81

Ordre des jours	Date selon l'année sacrée	Date correspondante selon l'année civile					Date julienne	Ordre des jours	Date selon l'année sacrée	Date correspondante selon l'année civile					Date julienne
		I	II	III	IV	V				I	II	III	IV	V	
93	3 (Choiak)	23	24	25	26	27 (Phaophi)	20 (Octobre)	139	19 (Tybi)	9	10	11	12	13 (Choiak)	5 (Décembre)
94	4	24	25	26	27	28	21	140	20	10	11	12	13	14	6
95	5	25	26	27	28	29	22	141	21	11	12	13	14	15	7
96	6	26	27	28	29	30	23	142	22	12	13	14	15	16	8
97	7	27	28	29	30	1 Athyr	24	143	23	13	14	15	16	17	9
98	8	28	29	30	1	2	25	144	24	14	15	16	17	18	10
99	9	29	30	1	2	3	26	145	25	15	16	17	18	19	11
100	10	30	1	2	3	4	27	146	26	16	17	18	19	20	12
101	11	1	2	3	4	5	28	147	27	17	18	19	20	21	13
102	12	2	3	4	5	6	29	148	28	18	19	20	21	22	14
103	13	3	4	5	6	7	30	149	29	19	20	21	22	23	15
104	14	4	5	6	7	8	31	150	30	20	21	22	23	24	16
105	15	5	6	7	8	9	1 Novembre	151	1 Mechir	21	22	23	24	25	17
106	16	6	7	8	9	10	2	152	2	22	23	24	25	26	18
107	17	7	8	9	10	11	3	153	3	23	24	25	26	27	19
108	18	8	9	10	11	12	4	154	4	24	25	26	27	28	20
109	19	9	10	11	12	13	5	155	5	25	26	27	28	29	21
110	20	10	11	12	13	14	6	156	6	26	27	28	29	30	22
111	21	11	12	13	14	15	7	157	7	27	28	29	30	1 Tybi	23
112	22	12	13	14	15	16	8	158	8	28	29	30	1	2	24
113	23	13	14	15	16	17	9	159	9	29	30	1	2	3	25
114	24	14	15	16	17	18	10	160	10	30	1	2	3	4	26
115	25	15	16	17	18	19	11	161	11	1	2	3	4	5	27
116	26	16	17	18	19	20	12	162	12	2	3	4	5	6	28
117	27	17	18	19	20	21	13	163	13	3	4	5	6	7	29
118	28	18	19	20	21	22	14	164	14	4	5	6	7	8	30
119	29	19	20	21	22	23	15	165	15	5	6	7	8	9	31
120	30	20	21	22	23	24	16	166	16	6	7	8	9	10	1 Janvier
121	1 Tybi	21	22	23	24	25	17	167	17	7	8	9	10	11	2
122	2	22	23	24	25	26	18	168	18	8	9	10	11	12	3
123	3	23	24	25	26	27	19	169	19	9	10	11	12	13	4
124	4	24	25	26	27	28	20	170	20	10	11	12	13	14	5
125	5	25	26	27	28	29	21	171	21	11	12	13	14	15	6
126	6	26	27	28	29	30	22	172	22	12	13	14	15	16	7
127	7	27	28	29	30	1 Choiak	23	173	23	13	14	15	16	17	8
128	8	28	29	30	1	2	24	174	24	14	15	16	17	18	9
129	9	29	30	1	2	3	25	175	25	15	16	17	18	19	10
130	10	30	1	2	3	4	26	176	26	16	17	18	19	20	11
131	11	1	2	3	4	5	27	177	27	17	18	19	20	21	12
132	12	2	3	4	5	6	28	178	28	18	19	20	21	22	13
133	13	3	4	5	6	7	29	179	29	19	20	21	22	23	14
134	14	4	5	6	7	8	30	180	30	20	21	22	23	24	15
135	15	5	6	7	8	9	1 Décembre	181	1 Phame-noth	21	22	23	24	25	16
136	16	6	7	8	9	10	2	182	2	22	23	24	25	26	17
137	17	7	8	9	10	11	3	183	3	23	24	25	26	27	18
138	18	8	9	10	11	12	4	184	4	24	25	26	27	28	19

Ordre des jours	Date selon l'année sacrée	Date correspondante selon l'année civile					Date julienne	Ordre des jours	Date selon l'année sacrée	Date correspondante selon l'année civile					Date julienne
		I	II	III	IV	V				I	II	III	IV	V	
185	5 (Phamenoth)	25	26	27	28	29 (Tybi)	20 (Janvier)	231	21 (Pharmuthi)	11	12	13	14	15 (Phamenoth)	7 Mars
186	6	26	27	28	29	30	21	232	22	12	13	14	15	16	8
187	7	27	28	29	30	1 Mechir	22	233	23	13	14	15	16	17	9
188	8	28	29	30	1	2	23	234	24	14	15	16	17	18	10
189	9	29	30	1	2	3	24	235	25	15	16	17	18	19	11
190	10	30	1	2	3	4	25	236	26	16	17	18	19	20	12
191	11	1	2	3	4	5	26	237	27	17	18	19	20	21	13
192	12	2	3	4	5	6	27	238	28	18	19	20	21	22	14
193	13	3	4	5	6	7	28	239	29	19	20	21	22	23	15
194	14	4	5	6	7	8	29	240	30	20	21	22	23	24	16
195	15	5	6	7	8	9	30	241	1 Pachon	21	22	23	24	25	17
196	16	6	7	8	9	10	31	242	2	22	23	24	25	26	18
197	17	7	8	9	10	11	1 Février	243	3	23	24	25	26	27	19
198	18	8	9	10	11	12	2	244	4	24	25	26	27	28	20
199	19	9	10	11	12	13	3	245	5	25	26	27	28	29	21
200	20	10	11	12	13	14	4	246	6	26	27	28	29	30	22
201	21	11	12	13	14	15	5	247	7	27	28	29	30	1 Pharmuthi	23
202	22	12	13	14	15	16	6	248	8	28	29	30	1	2	24
203	23	13	14	15	16	17	7	249	9	29	30	1	2	3	25
204	24	14	15	16	17	18	8	250	10	30	1	2	3	4	26
205	25	15	16	17	18	19	9	251	11	1	2	3	4	5	27
206	26	16	17	18	19	20	10	252	12	2	3	4	5	6	28
207	27	17	18	19	20	21	11	253	13	3	4	5	6	7	29
208	28	18	19	20	21	22	12	254	14	4	5	6	7	8	30
209	29	19	20	21	22	23	13	255	15	5	6	7	8	9	31
210	30	20	21	22	23	24	14	256	16	6	7	8	9	10	1 Avril
211	1 Pharmuthi	21	22	23	24	25	15	257	17	7	8	9	10	11	2
212	2	22	23	24	25	26	16	258	18	8	9	10	11	12	3
213	3	23	24	25	26	27	17	259	19	9	10	11	12	13	4
214	4	24	25	26	27	28	18	260	20	10	11	12	13	14	5
215	5	25	26	27	28	29	19	261	21	11	12	13	14	15	6
216	6	26	27	28	29	30	20	262	22	12	13	14	15	16	7
217	7	27	28	29	30	1 Phamenoth	21	263	23	13	14	15	16	17	8
218	8	28	29	30	1	2	22	264	24	14	15	16	17	18	9
219	9	29	30	1	2	3	23	265	25	15	16	17	18	19	10
220	10	30	1	2	3	4	24	266	26	16	17	18	19	20	11
221	11	1	2	3	4	5	25	267	27	17	18	19	20	21	12
222	12	2	3	4	5	6	26	268	28	18	19	20	21	22	13
223	13	3	4	5	6	7	27	269	29	19	20	21	22	23	14
224	14	4	5	6	7	8	28	270	30	20	21	22	23	24	15
225	15	5	6	7	8	9	1 Mars	271	1 Payni	21	22	23	24	25	16
226	16	6	7	8	9	10	2	272	2	22	23	24	25	26	17
227	17	7	8	9	10	11	3	273	3	23	24	25	26	27	18
228	18	8	9	10	11	12	4	274	4	24	25	26	27	28	19
229	19	9	10	11	12	13	5	275	5	25	26	27	28	29	20
230	20	10	11	12	13	14	6	276	6	26	27	28	29	30	21

83

Ordre des jours	Date selon l'année sacrée	Date correspondante selon l'année civile					Date julienne	Ordre des jours	Date selon l'année sacrée	Date correspondante selon l'année civile					Date julienne
		I	II	III	IV	V				I	II	III	IV	V	
277	7 (Payni)	27	28	29	30	1 Pachon	22 (Avril)	322	22 (Epiphi)	12	13	14	15	16 (Payni)	6 (Juin)
278	8	28	29	30	1	2	23	323	23	13	14	15	16	17	7
279	9	29	30	1	2	3	24	324	24	14	15	16	17	18	8
280	10	30	1	2	3	4	25	325	25	15	16	17	18	19	9
281	11	1	2	3	4	5	26	326	26	16	17	18	19	20	10
282	12	2	3	4	5	6	27	327	27	17	18	19	20	21	11
283	13	3	4	5	6	7	28	328	28	18	19	20	21	22	12
284	14	4	5	6	7	8	29	329	29	19	20	21	22	23	13
285	15	5	6	7	8	9	30	330	30	20	21	22	23	24	14
286	16	6	7	8	9	10	1 Mai	331	1 Mesori	21	22	23	24	25	15
287	17	7	8	9	10	11	2	332	2	22	23	24	25	26	16
288	18	8	9	10	11	12	3	333	3	23	24	25	26	27	17
289	19	9	10	11	12	13	4	334	4	24	25	26	27	28	18
290	20	10	11	12	13	14	5	335	5	25	26	27	28	29	19
291	21	11	12	13	14	15	6	336	6	26	27	28	29	30	20
292	22	12	13	14	15	16	7	337	7	27	28	29	30	1 Epiphi	21
293	23	13	14	15	16	17	8	338	8	28	29	30	1	2	22
294	24	14	15	16	17	18	9	339	9	29	30	1	2	3	23
295	25	15	16	17	18	19	10	340	10	30	1	2	3	4	24
296	26	16	17	18	19	20	11	341	11	1	2	3	4	5	25
297	27	17	18	19	20	21	12	342	12	2	3	4	5	6	26
298	28	18	19	20	21	22	13	343	13	3	4	5	6	7	27
299	29	19	20	21	22	23	14	344	14	4	5	6	7	8	28
300	30	20	21	22	23	24	15	345	15	5	6	7	8	9	29
301	1 Epiphi	21	22	23	24	25	16	346	16	6	7	8	9	10	30
302	2	22	23	24	25	26	17	347	17	7	8	9	10	11	1 Juillet
303	3	23	24	25	26	27	18	348	18	8	9	10	11	12	2
304	4	24	25	26	27	28	19	349	19	9	10	11	12	13	3
305	5	25	26	27	28	29	20	350	20	10	11	12	13	14	4
306	6	26	27	28	29	30	21	351	21	11	12	13	14	15	5
307	7	27	28	29	30	1 Payni	22	352	22	12	13	14	15	16	6
308	8	28	29	30	1	2	23	353	23	13	14	15	16	17	7
309	9	29	30	1	2	3	24	354	24	14	15	16	17	18	8
310	10	30	1	2	3	4	25	355	25	15	16	17	18	19	9
311	11	1	2	3	4	5	26	356	26	16	17	18	19	20	10
312	12	2	3	4	5	6	27	357	27	17	18	19	20	21	11
313	13	3	4	5	6	7	28	358	28	18	19	20	21	22	12
314	14	4	5	6	7	8	29	359	29	19	20	21	22	23	13
315	15	5	6	7	8	9	30	360	30	20	21	22	23	24	14
316	16	6	7	8	9	10	31	361	1	21	22	23	24	25	15
317	17	7	8	9	10	11	1 Juin	362	2	22	23	24	25	26	16
318	18	8	9	10	11	12	2	363	3	23	24	25	26	27	17
319	19	9	10	11	12	13	3	364	4	24	25	26	27	28	18
320	20	10	11	12	13	14	4	365	5 (jours épagomènes)	25	26	27	28	29	19
321	21	11	12	13	14	15	5								

2. Nous allons faire l'application des correspondances calendriques, par rapport à ce tableau, en choisissant parmi les dates monumentales des exemples qui, pour leur intelligence, n'offrent pas la moindre difficulté. Rappelons d'avance que ces correspondances sur les monuments sont indiquées: 1° par la présence d'une date exprimée à l'aide des signes numériques et accompagnée d'une éponymie, 2° par deux dates exprimées par la notation de signes numériques liés entre eux par le caractère ⟼ meh „remplissant, accomplissant, explens numerum" (voy. pag. 67); 3° par la présence de quelquefête du nombre des grandes panégyries du calendrier égyptien. Comme nous n'avons pas encore parlé de cette manière de signaler une date quelconque, qu'il nous soit permis d'énoncer notre opinion là-dessus.

3. Les trente éponymies désignaient, sur les monuments, dans leur ordre successif les trente jours de chacun des douze mois égyptiens, de préférence les trente jours des douze mois du calendrier sacré commençant le 1er Thoth, à l'apparition de Sothis. La même éponymie se rapportait donc nécessairement toujours au même jour revenant douze fois dans le cours de l'année. Ainsi par exemple „la fête de la néoménie" servait à indiquer le 1er jour de chacun des douze mois de l'année. Il y a maintenant, sur les monuments, d'autres éponymies, appelons-les: éponymies spéciales, cependant d'un nombre bien restreint, qui indiquent un seul jour de l'année à l'aide d'une grande fête qui y était fixée. Au lieu de dire p. ex. „à la néoménie du mois de Thoth", on disait parfois „à la fête de l'apparition de Sothis", par la raison que le lever de l'étoile Sothis-Sirius avait lieu, selon le calcul égyptien, le premier Thoth du calendrier sacrée. La date si souvent discutée du calendrier de Médinet-Abou: 𓎛𓏤𓏤𓏤𓁹𓊃𓂋𓁨𓇳𓇳 etc. est redigée de cette manière. Seulement il est à observer que la place d'un caractère détruit doit être remplie par le signe ⌒ „fête", de sorte qu'elle s'énonce ainsi: „Au mois de „Thoth, à la fête du lever de Sirius, c'est le jour de etc." Ni Mr. de Rougé ni Mr. Lepsius n'ont tenu compte de cette place vide et de la restitution nécessaire: ⌒ qui change tout-à-fait le sens de la date. Dans son mémoire „Sur quelques phénomènes célestes" (p. 16 note 21) Mr. de Rougé n'a indiqué l'absence du signe en question d'aucune manière, en traduisant: „au premier de Thoth, apparition de Sothis" et en remarquant que „dans tout le calendrier, le premier jour du mois est indiqué seulement par le nom du mois, comme ici." Dans son „Königsbuch", texte p. 162, Mr. Lepsius, à qui la conclusion erronnée de Mr. de Rougé n'a pas échappé, fait voir que l'observation du savant académicien français est dénuée de fondement, mais dans sa

reproduction de la date hiéroglyphique, il oublie avec M^r. de Rougé de signaler la place vide derrière le groupe pour l'étoile de Sothis, laquelle est marquée si visiblement dans la publication du calendrier de Médinet-Abou par M^r. Greene (pl. IV, N° 12). Nous le répétons, la date „mois de Thoth, à la fête du lever de Sothis", remplace simplement et sans se rapporter à une certaine forme de l'année égyptienne, la date du premier Thoth. Il ne s'agit donc point d'un lever de Sirius au 1er Thoth, comme le veut M^r. de Rougé et comme cette date a été calculée par M^r. Biot, mais de l'éponymie pour indiquer nominalement la date du 1er Thoth.

4. Il n'est pas rare de rencontrer, dans les textes égyptiens, des dates de nature tout-à-fait pareille. C'est ainsi que M^r. Birch, dans son travail intitulé: „On two égyptian tablets" p. 30, cite la date suivante d'une stèle du règne d'Amasis II: [hieroglyphs]. La traduction du savant anglais „1st of the month Mechir, the day of the great manifestation" doit être soumise à une triple rectification. D'abord il n'y a point le mois de Mechir, mais le mois d'Epiphi qui est exprimé par le groupe hiéroglyphique pour la notation du mois. Deuxièmement il n'y a nulle trace qui nous autorise à lire „le premier", le signe ☉ pour le jour n'étant accompagné d'aucun chiffre. A la fin les mots [hieroglyphs] per ā „grande apparition" renferment l'éponymie pour un seul jour du calendrier égyptien qui se rencontre déjà dans les listes antiques des fêtes funéraires (voy. le tableau pag. 24 de ce mémoire et, pour l'écriture de ce groupe, les variantes à la pl. II, N° 12, a—f) et qui, dans le calendrier de Ramsès III à Médinet-Abou, est noté sous la date du 22 Thoth.

5. Pour donner un troisième exemple de la présence de ces éponymies pour un certain jour de l'année égyptienne, sans tenir compte de la forme de l'année, et de l'usage que les anciens Égyptiens en firent, nous fixons l'attention du lecteur sur la date: [hieroglyphs] dūa ḥeb Keḥik „le matin de la fête de Keḥik" (pap. Anast. N° 3 pag. 3). Selon les paroles du texte hiératique, c'est la date où Ramsès II entra solennellement dans sa ville ou forteresse Pe-rāmses. D'après le calendrier d'Esneh on fêtait le premier jour du mois de Choiak une panégyrie qui portait le nom Keḥik, en l'honneur du dieu éponyme du quatrième mois de l'année égyptienne. La date citée du papyrus Anastasi se rapporte donc au 1er Choiak en remplaçant la notation usuelle moyennant les signes numériques par une éponymie semblable à celles contenues dans les exemples précédents que nous venons de connaître.

6. La valeur calendrique de ces éponymies ressort, dans la plupart des cas, de l'étude des calendriers égyptiens, surtout du plus complet celui d'Esneh, où les dates sont accompagnées très-souvent de la notation d'une fête éponyme qui, avec la date, forme une sorte de double datation. C'est ainsi que, dans le calendrier d'Esneh, la date du 1er Thoth est accompagnée de l'éponymie: „fête du nouvel an", celle du 19 Thoth, de l'éponymie: „fête de Thoth", celle du 4 Phaophi, de l'éponymie: „fête de Kam-ba.u-s" (sur le sens de ces mots je n'ose pas faire de conjectures), celle du 1er Athyr, de l'éponymie: „fête d'Hathor", celle du 3 Choiak, de l'éponymie: „Ba-u (les esprits)", celle du 26 Choiak, de l'éponymie „fête de Sokar" (voy. p. 44) etc. Ce sont surtout ces jours qui figurent, comme indications des dates, dans les listes funéraires des tombeaux.

7. Ceci avancé, il sera facile à présent de comprendre le sens des légendes calendriques qui suivent. Il est bien à regretter, nous le répétons, que le nombre de ces correspondances calendriques soit si peu fréquent dans les textes égyptiens. Sans cela, on aurait reconnu depuis longtemps l'existence des deux années dans les calculs calendriques des anciens Égyptiens.

8. Parmi les dates nombreuses du calendrier d'Esneh (voy. pl. X, col. 3) il y a un jour, le 4 Phaophi, qui est distingué par l'addition d'une éponymie spéciale. Cette dernière s'appelle Kam-ba.u-s, ce qui peut signifier „celui qui a créé ses esprits." Ces dénominations pour certains jours de l'année n'étaient pas rare chez les Égyptiens et les monuments non moins que les auteurs grecs et romains de l'antiquité témoignent leur existence. Ainsi p. ex. dans le Rituel funéraire chap. I, col. 9 une personne prononce les paroles: nuk ḥont-neter em abdu haru en ka-ta „Moi (je suis) le prophète à Abydus le jour de ka ta." Les derniers mots signifient à la lettre „haute est la terre." C'est là encore le nom d'une éponymie spéciale pour un certain jour de l'année.

Le jour qui comporte le nom de: Kam-ba.u-s, est donc selon le calendrier d'Esneh le 4 Phaophi. Il y a maintenant, sur l'île de Philae, un petit temple, décoré d'inscriptions hiéroglyphiques et d'une légende dédicatoire grecque que voici:

$Βασιλεὺς\ Πτολεμαῖος\ καὶ\ βασίλισσα\ Κλεοπάτρα\ ἡ\ ἀδελφὴ$
$καὶ\ βασίλισσα\ Κλεοπάτρα\ ἡ\ γυνὴ\ θεοὶ\ εὐεργέται\ Ἀφροδίτῃ.$

Le temple dédié à la déesse Aphrodite-Isis était donc construit sous le règne de Ptolémée IX Évergète II, de sa mère Cléopâtre et de sa femme Cléopâtre. Cette indication des règnes simultanés détermine l'époque de la reconstruction de l'édifice, qui se trouve comprise entre l'an 127 et 117 avant J.-C.*)

Parmi les inscriptions hiéroglyphiques qui couvrent les quatre faces du sanctuaire, j'ai copié une légende se rapportant à la divinité de l'Osiris de l'Abaton. Elle commence par les mots Ásár pe χep neter ā neb á-uib „Osiris, le scarabée (ou le créateur), le grand dieu, seigneur de l'Abaton", et se termine ainsi:

ābab	neter	(per)	em	kam-ba.u-s
le scarabée	divin	né	au	jour Kambaus.

Il n'y a pas la moindre difficulté pour le sens de cette phrase. Le mot ābab, determiné par la figure d'un scarabée, doit signifier une espèce de scarabée apparemment le même que les Coptes appellent ⲁⲃ, ⲁⲁϥ, ⲁϥ. Dans les „Rhind-papyri" il se trouve un passage (pl. XII, 1 de ma publication) où Osiris est surnommé également áabeb per em tep en fenti en ānχ „le sca- „rabée sortant du bout du nez du dieu vivant." — Dans l'exemple de Philae nous avons traduit le mot égyptien per par né; chaque égyptologue connaît l'usage étendu de ce mot dans les textes égyptiens pour exprimer l'idée de naître, être né. Les groupes finaux kam-ba.u-s rappellent sur le champ le nom éponyme pour le 4 Phaophi selon l'indication du calendrier d'Esneh. La seule différence, pour l'écriture, consiste en ce que la syllabe kam est exprimée, à Philae, moyennant un signe qui sert régulièrement de variante pour le caractère) = kam employé à Esneh.

Après ces remarques, il est d'un intérêt tout particulier de savoir que la naissance du dieu Osiris est notée, à Philae, à l'éponymie du 4 Phaophi, contrairement aux traditions égyptiennes, qui nous signalent le 1er jour épagomène comme jour de la naissance du dieu. Mais en consultant le calendrier de correspondance des deux années (voy. p. 80) le lecteur se convaincra que **le 1er jour épagomène de l'année civile coïncide effectivement avec le 4 Phaophi de l'année sacrée,** de sorte que le 4 Phaophi comme jour de naissance d'Osiris est d'une exactitude parfaite.

9. En profitant de cette donnée calendrique il est facile d'établir par un simple calcul la correspondance pour le premier Thoth de l'année sacrée.**)

---

*) Comp. Corpus inscriptt. graec. N° 4895 et Lepsius, Königsbuch, Synoptische Tafeln p. 9.

**) Au lieu de dire: de l'année sacrée, de l'année civile, je me servirai dès à présent des abréviations sac. et civ.

Si le 4 Phaophi civ. correspond au 1ᵉʳ jour épag. sac. il résulte de toute nécessité que:

le 28 Epiphi civ. doit correspondre au 1ᵉʳ Thoth sac.

Or nous connaissons déjà la date du 28 Epiphi. Sur la pierre d'Éléphantine, du temps de Thothmosis III (régnant d'après Mʳ. Lepsius 1603—1565 d'après nous 1625—1577 av. J.-C.) le jour du 28 Epiphi civ. est accompagné de l'éponymie „fête du lever de l'étoile Sothis" (voy. supra pag. 31 et 32), fête qui, dans le calendrier sacré, était fixée au premier jour du mois de Thoth, c'est-à-dire au nouvel an.

Nous aimons à croire que ces remarques suffiront déjà pour prouver aux lecteurs l'existence d'une double année des anciens Égyptiens, dont l'une, l'année civile, servait à indiquer les dates, et dont l'autre, réservée spécialement aux matières en rapport avec la théologie, était destinée à signaler la correspondance calendrique moyennant les éponymies.

Mais nos recherches ne s'arrêteront pas là et nous allons démontrer la présence des deux années par d'autres exemples qui mettront le fait à l'évidence.

10. L'inscription hiéroglyphique qui suit, se trouve sculptée, au milieu d'un texte de nature calendrique, sur une des colonnes appartenant au temple d'Esneh. Faute de noms royaux l'époque exacte de la légende ne peut pas être précisée, cependant il résulte d'une courte inspection du texte que l'inscription date de temps romain. La présence du cartouche ⟨☐⟩ per-ā „grande maison", titre reconnu aux empereurs romains sur les monuments égyptiens, prouve la justesse de notre détermination temporaire. Mʳ. Lepsius a publié dans les „Denkmaeler" le texte entier (voir Abth. IV, pl. 77, d), ayant fixé le temps du règne de l'empereur Claude comme époque de la rédaction.

Voici d'abord le texte qui occupera notre attention:

(Ḥatḥor) | haru ārk | sā | en | Ās-t
au mois Athyr | le dernier jour | fête | de | la déesse Isis*) |

per-er-ḥa | tep-sop met neb
entrant**) | dans un de tous les dix huitièmes du mois.

---

*) Le monument porte après le nom de la déesse, un titre qui se rapporte à la forme locale d'Isis. Je l'explique neb sen „maîtresse de la ville de Latopolis."

**) Pour la construction du verbe per-er-ḥa voy. notre remarque à la pag. 66.

Allons étudier d'abord le sens de la dernière partie de cette phrase que nous avons traduite: „un de tous les dix huitièmes du mois."

Dans sa Chronologie (pag. 132 suiv.) Mr. Lepsius a établi, par suite de combinaisons fondées sur des indications monumentales, l'existence d'une semaine de dix jours en usage chez les anciens Égyptiens. Ce savant voit dans la composition ⌒ ◎ l'expression hiéroglyphique de cette semaine ou de la décade et il explique le groupe 〔𓊖𓇳𓂻〕 ou 〔𓏺𓇳𓂻〕 comme „le premier jour de chaque décade", jour célébré surtout comme époque fixée pour les offrandes funéraires dans les tombeaux. Suivant le système établi par Mr. Lepsius le premier jour des décades devait tomber alternativement sur le 1er, le 11e et le 21e jour, l'année suivante sur le 6e, le 16e et le 26e jour des douze mois de l'année égyptienne.

Malgré l'explication ingénieuse de mon savant compatriote, il me paraît que les monuments ne se prêtent pas tout-à-fait au sens qu'il suppose au groupe en question, mais qu'ils sont en contradiction sur plusieurs points que nous allons étudier.

Dans le groupe 〔𓊖𓇳𓂻〕 et dans ses variantes 〔𓏺𓇳𓂻〕, 〔𓂻𓇳〕 et 〔𓌽𓏺𓊖𓇳𓂻〕 (cette dernière variante n'est pas citée dans l'ouvrage de Mr. Lepsius), ce n'est pas la partie ◎⌒ ou ○⌒, séparée et isolée de la composition, qui fournit la clef du sens calendrique, comme le suppose le savant académicien, en l'expliquant: „les dix jours, la décade." Cette explication est inadmissible d'abord par la raison que la figure du cercle à double ◎ ne remplace guère, dans les textes égyptiens, la figure ⊙ ou ○ indiquant le mot haru „jour". La partie essentielle de la composition est plutôt 𓊖◎, et les variantes 𓏺○, 𓂻○, 𓌽𓏺○ qui se lisent tep-sop ou ha-sop „commencement du Sop." Nous rencontrons ce groupe, sous la forme 𓊖○ dans la liste des trente jours éponymes du mois égyptien **comme indicateur du huitième jour du mois** (voy. pag. 57, 8 et pl. IV, No 8, A). La composition 𓊖𓏺○⌒ dans une légende publiée dans notre Recueil pl. LXXIX, No 1*) signifie donc: les dix huitièmes" et cette autre citée déjà de Mr. Lepsius 〔𓏺𓇳𓂻〕: „tous les dix huitièmes", ce qui veut dire sans doute qu'il s'agit du nombre de dix pour le retour du huitième jour dans la série des mois de l'année. Mais l'année égyptienne se compose de douze mois: comment donc s'expliquer la présence de dix huitièmes au lieu de douze huitièmes qu'il faudrait attendre?

---

*) Il y faut effacer nécessairement le point au centre du caractère ⊙ qui ne se trouve pas dans mon dessin pris à Philae.

En examinant la correspondance des 365 jours de l'année sacrée et de l'année civile, telle que je l'ai dressée dans le tableau synoptique à la pag. 80 suiv., le lecteur s'apercevra aisément que le huitième jour des douze mois de l'année sacrée présente les rapports suivants avec les dates correspondantes de l'année civile, dont le 28 Epiphi coïncide avec le 1er Thoth sac.

année sacrée		année civile
8 Thoth	=	5 Mesori
8 Phaophi	=	5e jour épagomène
8 Athyr	=	30 Thoth
8 Choiak	=	30 Phaophi
8 Tybi	=	30 Athyr
8 Mechir	=	30 Choiak
8 Phamenoth	=	30 Tybi
8 Pharmuthi	=	30 Mechir
8 Pachon	=	30 Phamenoth
8 Payni	=	30 Pharmuthi
8 Epiphi	=	30 Pachon
8 Mesori	=	30 Payni.

Une simple comparaison de ces deux séries de correspondance fait voir:

1° que le huitième jour de mois dans le cours de l'année sacrée coïncide **deux** fois avec un cinquième jour de mois dans le cours de l'année civile;

2° que le huitième jour de mois dans le cours de l'année sacrée coïncide, conformément aux indications monumentales, **dix fois** avec un trentième jour de mois dans l'année civile;

3° que le cinquième jour épagomène forme la limite entre les correspondances 8 = 5 et 8 = 30 des deux séries.

Le groupe 𓏺𓂋𓏏 „tous les dix huitièmes" embrasse donc le huitième jour des mois sac. qui commencent par Athyr et qui se terminent par Mesori. Pour quels motifs les anciens Égyptiens ont fait la distinction des dix mois, c'est une question à laquelle je ne saurais répondre. Toutefois il est sûr que le groupe en question comporte le sens que nous lui avons attribué et nous pensons que le lecteur impartial partagera notre opinion.

Ayant démontré dans cette recherche la valeur du groupe singulier 𓏺𓂋𓏏, nous appelons encore une fois l'attention du lecteur sur les deux séries de correspondances. Partant de la correspondance 28 Epiphi civ. = 1er Thoth sac., nous avons vu que le 30 Athyr civ. tombe sur un huitième jour d'un des dix mois. Le texte cité de la colonne d'Esneh, où la déesse Isis est dite entrer, le 30 Athyr, dans un des dix huitièmes, est donc parfaitement exact et conforme au sens calendrique attaché au groupe que nous venons d'étudier. Remarquons encore que cette date ne sert nullement à prouver l'opinion de M^r. Lepsius sur les jours des décades hypothétiques, le 30 Athyr n'étant ni le 1er, ni le 11e, ni le 21e, ni le 6e, ni le 16e, ni le 26e jour du mois.

11. Nous avons fait la remarque, plus haut, que le cinquième jour épagomène forme la limite entre les correspondances des dix huitièmes qui tombent sur le 30e jour des mois civ. et des deux huitièmes, qui tombent sur le 5e jour. Ce fait est prouvé monumentalement par une date du calendrier d'Esneh que nous allons étudier de plus près. On y lit à la fin du calendrier (voy. pl. XIII, col. 18, d): haru 4 mes Nebthu-t heb unen Ás-t em Pe-neter sā sper ha-sop met neb „au quatrième jour épagomène, celui „de la naissance de Nephthys: panégyrie de l'ouverture d'Isis dans la ville de „Peneter (et) fête de l'approchement de tous les dix huitièmes." Il y a, dans cette légende, une faute apparente du sculpteur, due, peut-être, à l'omission du 3e jour épagomène, celui de Set-Typhon, dans les groupes précédents. Les monuments et les traditions grecques nous attestent que le jour appelé „naissance de Nephthys" est le cinquième dans l'ordre successif des épagomènes. Le cinquième jour épagomène civ. correspond au 8 Phaophi sac. dont le 1er Thoth tombe sur le 28 Epiphi civ. „La fête de l'approchement de tous les dix huitièmes" avait donc le sens qu'à partir du 5e épagomène on allait à la rencontre des dix 8es qui coïncidaient avec le 30e jour des dix mois d'Athyr jusqu'à Mesori. L'exactitude de nos correspondances trouve donc une nouvelle confirmation dans cette indication calendrique.

12. Mais ce n'est pas toujours ainsi que la réduction de deux dates correspondantes mènent au 28 Epiphi civ. qui coïncide avec le 1er Thoth sac. Les recherches monumentales nous font reconnaître des différences comprises entre les deux limites du 26 et du 30 Epiphi. En voici quelques exemples bien instructifs.

Nous avons fixé, plus haut (pag. 65), l'attention du lecteur sur une correspondance du temps de Thothmosis III, selon laquelle l'an 23 de son règne, le 21 Pachon tombait sur la panégyrie de la néoménie, en d'autres mots sur le premier jour d'un mois dont on a supprimé le nom. En consultant notre tableau synoptique, on se convaincra que le 21 Pachon civ. tombe effectivement sur le premier jour ou la néoménie du mois Epiphi sac., sous la supposition que le 1er Thoth sac. coïncide avec le 26 Epiphi civ. La date est tirée d'un monument thébain. Elle diffère de cette autre du même règne de Thothmosis III, selon laquelle la fête du lever de Sothis c.-à-d. le 1er Thoth sac. arriva le 28 Epiphi à Éléphantine (voy. pag. 32). Comment expliquer cette différence de deux jours dans l'époque du même règne? C'est une question à laquelle je ne saurais donner la réponse pour le présent. Mais cette même différence concernant les deux jours du 26 et du 28 Epiphi se présente dans d'autres exemples dont je vais citer un des plus importants.

13. J'ai signalé plus haut (pag. 17) une correspondance calendrique contenue dans un papyrus grec conservé à Paris. On y lit: „l'an 10 d'Antonin le 8 du mois Hadrianos qui correspond au 18 Tybi de l'ancien style." J'ai fait voir, dans la note, que le calcul s'oppose à ce que cette date se rapporte à l'année vague, de manière que le 18 Tybi serait la réduction chronologique selon le système de l'année vague et que le 8 Hadrianos présenterait la correspondance selon le calendrier alexandrin. Contrairement à cela, nous devons reconnaître dans la première date, celle du 8 Hadrianos, la datation selon l'année fixe civile, continuée à l'époque romaine sous la dénomination de l'année alexandrine, et dans l'autre, celle du 18 Tybi, la datation d'après l'année fixe sacrée. D'après le tableau synoptique, le 18 Tybi sac. correspond au 8 Choiak, appelé Hadrianos au temps d'Antonin, de sorte que le 1er Thoth sac. coïncide nécessairement avec le 26 Epiphi. Fixant le lever de Sothis au 20 Juillet, il résulte que le 1er Thoth civ. tombe sur le 29 Août, date julienne bien connue comme commencement du calendrier alexandrin.

14. La limite supérieure pour les correspondances du 1er Thoth sac. avec les derniers jours du mois d'Epiphi civ. est fournie par la date du 30 Epiphi civ. Elle résulte de l'examen d'un passage tiré des „Rhind-papyri" et cité plus haut (voy. pag. 67). La correspondance indiquée, selon laquelle le 10 Epiphi tomba, l'an 21 du règne d'Auguste, sur le 16e jour d'un mois dont on a supprimé le nom, s'expliquera aisément par notre tableau synoptique. Il nous fait voir que le 10 Epiphi civ. coïncide avec le 16 Mesori, si le 1er Thoth sac. correspond au 30 Epiphi civ.

15. Nous nous contentons pour le présent d'avoir signalé au lecteur les quatre correspondances d'après laquelle le 1er Thoth sac. tomba sur le 26, 27, 28, 29 ou 30 Epiphi civ. Nous ferons connaître, dans la deuxième partie de ce mémoire, une liste d'exemples tirés des monuments de toutes les époques de l'histoire égyptienne, qui prouveront le fait que nous venons d'exposer. Pour augmenter les preuves en faveur du système calendrique que nous avons discuté dans ce mémoire, nous allons examiner rapidement quelques particu-

larités contenues dans plusieurs dates monumentales qui jettent des lumières inattendues sur l'existence et l'emploi d'un calendrier fixe pour l'usage civil et sur le rapport intime des correspondances calendriques.

16. Le calendrier de Dendera, contenant la série des jours de deuil d'Osiris jusqu'à la cérémonie annuelle de son enterrement (voir pl. IX) nous apprend que c'étaient les sept jours du 24 jusqu'au 30 Choiak (voy. pl. IX, col. 9—10), qui jouaient un rôle principal. D'après Plutarque („de Iside et Osiride chap. 13, c. 39, b comp. aussi chap. 42, a) les mêmes jours de deuil d'Osiris commençaient le 17 Athyr et continuaient jusqu'au 20ᵉ jour de ce mois. L'exactitude de la tradition de Plutarque et de la date monumentale est parfaite, vu que le 17 Athyr civ. correspond en effet au 24 Choiak sac. dans le cas que le 1ᵉʳ Thoth sac. tombe sur le 29 Epiphi civ. L'indication de Plutarque, du reste, ne manque pas de preuve monumentale. Le papyrus Sallier N° 4 contenant les restes d'un calendrier sacré (rédigé vers l'époque du pharaon Ramsès II) indique comme jour de deuil d'Osiris le 16 Athyr à Abydos et le 17 Athyr pour la ville de Saïs. D'un autre côté la date du 24 Choiak et des jours suivants tirée du calendrier de Dendera, est prouvée monumentalement par un papyrus hiératique du musée égyptien de Berlin, contenant les lamentations d'Isis et de Nephthys sur Osiris leur frère défunt. Le curieux texte de cette partie du papyrus qui fait connaître les plaintes des deux déesses commence par ces paroles: (1) nás se-χuu ári en son-ti neter (2) en pe ásrā χent áment neter ā neb (3) ábd em [hieroglyphs] (4) ári maá-ti em se neb en ásrā (5) em ḥeb-f neb „Invocation ex„cellente faite des deux divines soeurs (2) pour la maison d'Osiris, qui réside „dans l'ouest, dieu grand, seigneur (3) d'Abydos, le 25 Choiak, (4) faite égale„ment pour tous les endroits d'Osiris (5) dans toutes ses panégyries."

Tout le monde conviendra avec nous que la correspondance exacte des deux jours du 24 Choiak sac. et du 17 Athyr civ. n'est pas l'effet d'un hazard, mais la conséquence toute naturelle d'un système calendrique basé sur l'existence de deux années fixes différant pour leur commencement, le jour du nouvel an.

17. Ce jour-là, indiqué moyennant des chiffres ou par des éponymies générales et spéciales, fut fêté de tout temps à Thèbes d'une manière bien solennelle. On célébrait, durant cinq jours, une grande panégyrie en l'honneur du dieu Amon du district thébain appelé Ápet ou, au pluriel Ápetu, désignation locale qui donna à la fête le surnom de „panégyrie d'Amon d'Ápet du sud." Comme nous connaissons déjà deux années fixes dans le

système calendrique des anciens Égyptiens, il est naturel de rencontrer sur les monuments deux dates, selon l'année civ., qui se rapportent à deux panégyries d'Amon, l'une celle du nouvel an civil, l'autre celle du nouvel an de l'année sacrée.

Pour illustrer l'usage des Égyptiens de fêter à Thèbes le jour du nouvel an n'importe de quelle année calendrique, je cite un passage tiré dè la grande stèle de Piānχi découverte près de Gebel-Barkal et traduite dernièrement par Mr. de Rougé (voy. Revue archéol. ann. 1863, 2 pag. 94 suiv.). Le roi éthiopien y dit: „Après que j'aurai célébré à Thèbes la panégyrie d'Ammon „au commencement de l'année, ainsi que la fête du dieu Month, dans „Thèbes, comme le soleil l'a fait la première fois (lisez: „l'a fait au com-„mencement de la tétraetéris." comp. là-dessus ma remarque à la pag. 75 de ce mémoire), je ferai goûter mes doigts aux guerriers de la Basse-Égypte."

Que cette panégyrie fût celle d'Apet, cela résulte de la relation de Mr. de Rougé qui ajoute, après quelques lignes de texte intermédiaire: après avoir célébré la fête d'Ammon dans Ap, Pianchi s'embarque etc.

18. Sur une pierre détachée de l'ancien temple du dieu Chnum à Éléphantine, il y a le reste d'un texte se rapportant aux panégyries d'Amon, célébrées dans le midi de l'Égypte (voy. „Denkmaeler" III, 43, c). On y rencontre premièrement la date:

| Ier Thoth | nouvel an | fête | d'Amon | durant | jours | 3+x |

Elle nous apprend que le 1er Thoth, le jour du nouvel an, on devait célébrer pendant (probablement) cinq jours la fête d'Amon. C'est le 1er Thoth de l'année civile qui correspond au 14 Phaophi sac.

19. Toute différente de cette indication chronologique est la date qui se trouve en tête d'une stèle de la XXIe dynastie, publiée dans notre Recueil (pl. XXII) et que voici:

| (ter) | 21 | (Επιφι) | su*) | 29 | χeft | heb | Āmen-rā | sut. |
| l'an | 21 | Epiphi | le | 29 | quand (est) | la panégyrie | d'Amon-ra | roi |

| neter-u | em | (heb) | -f | .... |
| des dieux | dans | panégyrie | sa | .... |

---

*) Pour ce mot su, en copte ⲤⲞⲨ, voy. ma remarque dans le Recueil, texte pag. 40.

La coïncidence entre la date du 29 Epiphi et la panégyrie d'Amon de Thèbes, est indiquée en égyptien clairement par le mot χeft dont M^r. de Rougé a établi le premier les significations. En parlant de l'espace, les Égyptiens le choisissaient pour dire en face, comme en copte ⲙⲡⲉⲙⲧ in conspectu, coram; en l'appliquant au temps, il signifie la contemporanéité de deux événements.*) La date du 29 Epiphi sert donc à indiquer la correspondance avec la panégyrie d'Amon de Thèbes. Comme cette fête se rapportait au nouvel an, il faut examiner le 29 Epiphi civ. En consultant le tableau synoptique et en jetant un coup d'oeil rétrospectif sur ce que nous venons de discuter dans ce §, le lecteur se convaincra que le 29 Epiphi civ. correspond effectivement au 1er Thoth sac. ou, comme la panégyrie durait plusieurs jours (5), à un des premiers (cinq) jours du mois de Thoth civ. La correspondance, dans les limites indiquées, est aussi exacte que possible.

20. La même inscription, découverte sur le sol de l'ancienne Thèbes, contient, à la ligne 9, de nouveau une indication concernant la panégyrie d'Amon. On y lit:

| mois Mesori | jour épagomène | de la naissance | d'Isis | quand (est) | la panégyrie | d'Amon. |

Le jour épagomène appelé „naissance d'Isis" était le 4e dans la série des cinq. L'addition du groupe hiéroglyphique pour le mois de Mesori prouve que les cinq jours épagomènes étaient inclus dans le dernier mois de l'année égyptienne. Le sens calendrique du texte est donc que le 4e jour épagomène coïncidait avec la panégyrie d'Amon, c'est-à-dire avec la panégyrie du nouvel an. Comme les panégyries duraient généralement cinq jours et comme leur dernier jour était regardé comme le plus sacré de la fête, il est évident que les quatres jours précédant le jour du nouvel an, c'est-à-dire les quatre jours épagomènes étaient inclus dans la célébration de la panégyrie.

21. Il y a sur les monuments d'autres dates qui donnent connaissance de panégyries d'Amon, sans que ces dates-là paraissent offrir le moindre rapport avec ces deux dates: le 1er Thoth ou le 29 Epiphi. Quoique nous les discutions dans la deuxième partie de notre mémoire, nous les citerons cependant pour obvier à des objections qu'on pourrait nous faire quant à la jonction de la panégyrie d'Amon avec le nouvel an. Nous avertons le lecteur que loin d'être

---

*) Voy. de Rougé, tombeau d'Ahmès p. 69 suiv. et Mém. sur quelques phénomènes célestes p. 31 note 58. Comp. aussi Lepsius, Koenigsbuch pag. 168.

autrement, ces dates présentent sans exception des rapports avec le premier jour d'années lequel est déterminé par des événements périodiques de la nature.

22. Le calendrier d'Esneh présente un exemple de ces différentes années connues des anciens Égyptiens et j'ai fait voir, à la page 19 suiv., qu'à l'époque de la rédaction de ce calendrier pour l'usage du district d'Esneh (Latopolis), qu'il y eut d'abord l'année civile commençant le 1er Thoth, puis une autre appelée hiéroglyphiquement année des ancêtres, commençant huit jours plus tard, le 9 Thoth, et à la fin une troisième année dont le nouvel an tomba sur le 26 Payni de l'année civile.

23. Voici la liste de panégyries d'Amon qui ont trait à ces différentes années et leurs commencements et dont j'ai observé les traces sur des monuments de toutes les époques de l'histoire d'Égypte, excepté celle de l'ancien empire.

1) „le 9 Thoth, panégyrie d'Amon, panégyrie de Rā, fête du nouvel an" (calendrier d'Esneh, voy. pl. X, col. 1, a).

2) „le 15 Phaophi, panégyrie d'Amon dans Ȧpet du sud" (voy. Denkmaeler III, 43, c. Règne de Thothmosis III).

3) „le 19 Phaophi, premier jour de la panégyrie d'Amon dans sa belle panégyrie d'Ȧpet" (calendr. de Ramsès III).

„le 19 Phaophi, Amon dans son Ȧpet" (calend. d'Esneh, voir pl. X, col. 3, c).

„la panégyrie d'Ȧpet le 19e jour" (pap. hiérat. No 32 au musée de Leide, écrit pour un certain Harsiésis de l'époque romaine).

Cette panégyrie se fêtait pendant cinq jours successifs, à partir du 19 Phaophi jusqu'au 23.

4) „le 9 Athyr, panégyrie d'Amon ...." (voy. Denkmael. III, 43, c. Règne de Thothmosis III).

5) „le 1er Choiak, panégyrie d'Amon" (colonne d'Esneh, époque rom. voy. Denkmaeler IV, 77, d).

6) „le 6 Tybi, panégyrie d'Amon" (calendrier de Ramsès III).

7) „mois de Pachon quand fut (χeft) la panégyrie d'Amon" (stèle de l'an 26*) du roi Ramsès XI).

---

*) Mr. de Rougé, dans son excellente analyse de cette stèle, publiée sous le titre: Étude sur une stèle égyptienne etc., traduit les mots que nous venons de citer, par: in anno 23 (lisez: 26) 1a die Pachons, in tempore panegyris-Amonis. Cependant il n'y a nulle trace de la date du premier jour et nous rappelons au lecteur ce que nous avons avancé plus haut sur la traduction de Mr. de Rougé.

„Panégyrie d'Amon au mois de Pachon" (calend. d'Edfou, voy. Pl V, 4, B, époque ptolémaïque).

„11 Pachon, panégyrie d'Amon dans sa belle panégyrie du mois de Pachon" (stèle de l'an 11 du roi Amen-mer Sa-bast Takelothis de la XXIIe dynastie. Ce monument, découvert à Thèbes, se trouve actuellement à Paris).

8) „mois de Payni, fête d'Amon" (calendrier d'Edfou, voy. pl. V, 4, B époque ptolémaïque).

D'après un passage dans le papyrus grec I, pag. 3, l. 2 suiv. (cf. aussi pag. 8, lign. 29) du musée de Turin publié par Mr. Peyron, au mois de Payni, l'an 53 de Ptolémée Evergète Ier il y eut, à Thèbes, une cérémonie appelée en grec ἡ διαβασις του μεγιστου θεου Αμμωνος. C'est cette même panégyrie qui, sur la stèle de Ramsès XI mentionnée plus haut, se trouve citée sous la date du 22 Payni. Voici ce qu'on y lit: „L'an 25 le 22 Payni voici que Sa „Majesté fut à Thèbes, la victorieuse, régente des villes, pour rendre grâce „à son père Amon-rā dans sa belle panégyrie d'Apet du sud."

24. La première date, la panégyrie d'Amon, le 9 Thoth, s'explique aisément par l'addition: „fête du nouvel an." Les deux jours de fête qui suivent après, c'est-à-dire le 15 Phaophi (époque de Thothmosis III) et le 19 Phaophi (époque de Ramsès III) se rapportent, malgré la différence de quatre jours, au même terme. C'est là le jour sacré de la panégyrie d'Amon, provenant de la réduction d'une date de l'année civile (9 Thoth, fête de nouvel an, d'après le calendrier d'Esneh) à sa correspondance calendrique d'après le calendrier sacré (le 15, 16, 17, 18 ou 19 Phaophi). Pour les trois dates suivantes (le 9 Athyr, le 1er Choiak et le 6 Tybi) nous renvoyons le lecteur à nos remarques dans la deuxième partie de notre mémoire.

25. Quant à la date d'une panégyrie d'Amon au mois de Pachon, le 11e jour de ce mois à l'époque de l'an 11 du règne d'un Takelothis, elle était regardée également comme le commencement d'une année, dont nous ne connaissons pas malheureusement ni la durée, ni le système qui en fixait son premier jour. D'après le calendrier d'Esneh (voy. Pl. XII, 12, c) la fête d'Amon du mois de Pachon tombait vers le temps de la panégyrie de Rannu, déesse de la récolte. Or cette fête est déterminée dans les textes qui accompagnent un tableau représentant la naissance du soleil (voy. „Denkmaeler" IV, 60, b), par la formule:

tep	(ter)	em	.....	en	(heb)*)	renen
au commencement	de l'année	à		l'époque	de	la panégyrie	de la déesse Ranen.

Encore ici la panégyrie d'Amon se trouve en relation visible avec le commencement d'une année.

26. La dernière date d'une panégyrie d'Amon, celle du mois de Payni, plus exactement le 22 Payni pour l'époque de Ramsès XI, n'a pas besoin d'un commentaire. Son rapport avec le commencement d'une année dans le système calendrique des anciens Égyptiens, est démontré par la date déjà citée du calendrier d'Esneh qui place „la fête d'un nouvel an" au 26 Payni. La différence de 4 jours s'explique aisément par la durée de cinq jours de ladite panégyrie ou, ce qui est aussi probable, par la différence des correspondances calendriques, appliquée à un des cinq jours de la panégyrie, pour le cas que le 1er Thoth sac. corresponde au 26, 27, 28, 29 ou 30 Epiphi civ.

27. En examinant plusieurs dates de fête consignées sur les monuments, le lecteur ne peut se soustraire à la remarque que, dans différentes époques de l'histoire égyptienne, les dates diffèrent quelquefois de peu de jours, ce qui démontre clairement que les Égyptiens avaient calculé ces dates-là, guidés par des vues qui, indubitablement, se rapportaient à la place du 1er Thoth sac. dans les limites comprises dans l'espace du 26 jusqu'à 30 Epiphi. C'est ainsi qu'on peut expliquer les dates du 15 Phaophi (temps de Thothmosis III) et du 19 Phaophi (époque de Ramsès III) pour une des panégyries d'Amon, de même que les dates qui nous occupent, c'est-à-dire le 22 Payni (époque de Ramsès XI) et du 26 Payni (cal. d'Esneh, époque romaine). Pour citer un troisième exemple, je rappelle la date du 1er Pachon citée dans le calendrier du papyrus Sallier (temps de Ramsès II), comme ḥeb ḥor-si-ese „panégyrie d'Horsiésis" qui est rapportée, dans le calendrier d'Esneh, deux jours auparavant sous la date du 28 Pharmuthi (voy. pl. XII, col. 11). D'une manière analogue le calendrier de Dendera, contenant les jours de fête de la déesse Hathor et de son fils Horus, fait connaître, sous la date du 1er Mesori (voy. pl. VIII, col. 3), une panégyrie appelée ḥeb ḥent-es „panégyrie de Sa Majesté" (il y est question d'une déesse), tandisque le

---

*) La copie de cette inscription dans les „Denkmaeler" porte ⌢ = neb au lieu du caractère = ḥeb. Cependant la correction indiquée est trop évidente et trop nécessaire pour la repousser ou pour la révoquer en doute.

calendrier d'Esneh fait mention de la même panégyrie sous la date du 29 Epiphi (voy. Pl. XIII, 17, c), différente de deux jours de la date précitée de Dendera.

§ 19. HEURE DU COMMENCEMENT ASTRONOMIQUE DE L'ANNÉE SACRÉE ET DE L'ANNÉE CIVILE.

1. Il y a chez les anciens un passage très-curieux, que nous rapporterons plus bas, et qui nous met à même de préciser le point du commencement de l'année sacrée. Comme on y indique l'heure même du commencement de l'année sacrée, il est important d'examiner la manière des anciens Égyptiens de compter les heures du jour et de la nuit.

2. Les listes horaires, qu'on a étudiées jusqu'à présent sur les monuments et qui remontent jusqu'à la vingtième dynastie, nous donnent la preuve que les anciens Égyptiens divisaient le jour en douze partie égales et la nuit de même en douze parties. Chaque partie, représentée sous la forme d'une divinité, portait le nom d'heure et on lui ajoutait le chiffre correspondant dans l'ordre de 1 à 12. Outre cette numération-là chaque heure portait un nom particulier, celui de sa divinité, de sorte qu'il y avait, auprès de la numération, une série de $2 \times 12 = 24$ éponymies pour les 24 heures du jour et de la nuit (comp. notre Recueil, texte p. 36). Les textes qui accompagnent les représentations horaires (voy. p. ex. Recueil pl. XVIII), nous font reconnaître sans difficulté le commencement des 12 heures du jour et celui des 12 heures de la nuit. La première heure, appelée ⟨hiero⟩ ou ⟨hiero⟩ nunu (liste d'Edfou) ou ⟨hiero⟩ (représentation zodiacale dans le cercueil de Heter) uben-t „la déesse du lever du soleil", commençait avec le lever du soleil, et la dernière heure, appelée ⟨hiero⟩, ⟨hiero⟩, ⟨hiero⟩ χnum(.t) ānχ „réunion à la vie", se terminait avec le coucher du soleil à l'ouest.

D'après ce que nous venons de voir, il est facile à supposer que la première heure de la nuit devait commencer à la fin de la douzième heure du jour. La douzième heure de la nuit précédait conséquemment la première du jour, celle „du lever." Son nom, en effet, confirme pleinement ce que le simple calcul met déjà hors de doute. Elle s'appelle ⟨hiero⟩ neb šepu.t nen kek „la maîtresse de la lumière*) étant sans obscurité." C'est donc l'heure de l'aurore, l'heure du temps πρωϊνός.

3. Après ces remarques il sera, de plus, aisé à comprendre le passage suivant:

---

*) Comp. en copte ϣⲓⲛⲉ, ϣⲡⲓⲧ, ϣϥⲓⲧ erubescere et ϣⲉⲛϣⲱⲡ illuminari.

Ἡ τοῦ κυνὸς ἐπιτολὴ κατὰ ἐνδεκάτην ὥραν φαίνεται, καὶ ταύτην ἀρχὴν ἔτους τίθενται καὶ τῆς Ἴσιδος ἱερὸν εἶναι τὸν κύνα λέγουσι, καὶ τὴν ἐπιτολὴν αὐτοῦ „le lever de l'étoile caniculaire a lieu vers la onzième heure et ils (les Égyptiens) la regardent comme le commencement de l'année. Ils affirment que l'étoile caniculaire et son lever est consacrée à la déesse Isis" (Théon, in Scholl. ad Arati Phaen.).

Selon l'observation de l'auteur de ce passage l'année égyptienne commençait donc vers la onzième heure de la nuit au lever de Sothis c'est-à-dire une heure avant le lever du soleil, au temps de l'aurore. Et c'est ainsi que cette indication de l'écrivain grec confirme complètement la date monumentale sculptée sur le plafond du temple de Ramsès II à Gourneh (côté d'ouest de Thèbes) et conçue en ces termes: „tu te lèves (rayonnant) „comme Isis-Sothis au firmament **le matin du nouvel an.**" (voy. pag. 29 et Hist. de l'Égypt. vol. I, p. 162.) Les derniers mots sont exprimés hiéroglyphiquement par les groupes ⋆ 𓂧𓏌𓇳𓍿 dūa-t apu-ter, dont j'ai déterminé le mot dūa-t comme la correspondance antique du mot copte ⲦⲞⲞⲦⲒ, ⲦⲞⲦⲒ mane (voy. mes Nouvelles recherches pag. 45 suiv.). L'expression dūa = ⲦⲞⲞⲦⲒ, mane, dans cet exemple remplace, comme on voit, la détermination plus exacte κατὰ ἐνδεκάτην ὥραν du passage grec.

4. La connaissance du fait astronomique que nous venons d'expliquer, renferme un autre résultat dont l'importance se déclare d'elle-même si tôt qu'on aura appris ce dont il s'agit.

Si l'année égyptienne, ou appelons-la plus exactement l'année sacrée, car il est question de cette année, prend son origine du moment où le lever de l'étoile de Sothis a lieu, c'est-à-dire vers la onzième heure de la nuit, plus généralement vers le matin, il est clair que la nuit qui précède le jour du nouvel an, devait être regardée comme la nuit appartenant au premier Thoth, ou, en d'autres mots, que le jour devait commencer avec la nuit qui le précédait. Il s'agit seulement de savoir si c'était la première heure ou quelque autre qui formait le commencement du jour.

5. Les savants qui jusqu'ici ont étudié la question, sont de différente opinion, selon ce qu'ils ont adopté les traditions des anciens sur le commencement du jour chez les Égyptiens. Il y a là-dessus trois traditions principales. La première, conservée chez Pline[*], comprend la durée de la journée „a media nocte in mediam", de minuit à minuit prochain. Contrairement à

---

[*] Comp. Ideler, Handb. d. Chronologie, p. 100.

cette opinion, on lit chez Isidore, d'accord avec Servius et Lydus*): dies secundum Aegyptios inchoat ab occasu, c.-à-d. le jour selon les Égyptiens commence avec le coucher du soleil. Enfin Ptolémée, à en juger d'après ce que Ideler en cite dans sa Chronologie l. l., fait commencer le jour avec le matin, πρωΐας, de sorte que nous possédons trois traditions tout-à-fait différentes au sujet de la question dont il s'agit.

6. En consultant les monuments égyptiens, il faut fixer l'attention sur les inscriptions qui renferment des dates, se rapportant à la nuit de quelque jour. Un exemple très-ancien et très-curieux est fourni par l'inscription de Siout que j'ai publiée dans mon Recueil pl. XI. Il s'agit d'une cérémonie ayant trait au feu, peut-être à un holocauste, dans le temple d'Anubis de Lycopolis. On y apprend au lecteur que cela avait lieu trois fois: „la pre„mière fois au cinquième jour épagomène**) à la nuit du nouvel an; l'autre: „au jour du nouvel an, [et] l'autre au seizième jour du mois de Thoth à la nuit „de la fête Ūaga.

7. Un examen attentif de la première indication fait reconnaître que la nuit entre le dernier jour de l'an et entre le jour suivant, celui du nouvel an, devait appartenir aussi bien au cinquième jour épagomène qu'au jour suivant du nouvel an, ce qui est le cas si nous adoptons la tradition de Pline que le jour égyptien va a media nocte in mediam. Alors le cinquième jour épagomène aurait commencé à 6 heures (égyptiennes) de la nuit qui le précédait, et il serait terminé à 6 heures (égyptiennes) de la nuit suivante, au point où le jour du nouvel an devait commencer.

8. Dans l'autre exemple, où il est question de la fête appelée Ūaga, la nuit indiquée devait embrasser les six heures de la nuit suivant le jour du 16 Thoth et les six heures de la nuit précédant le jour suivant, le 17 Thoth, appelé aussi par l'éponymie spéciale Ūaga. Mais connaissons-nous la date de cette fête éponyme? Dans le calendrier de Médinet-Abou, du temps de Ramsès III, il y a en effet la mention du jour de cette fête sous la date du 19 Thoth, pendant que la veille(?) de la fête est notée sous le 16 Thoth.

---

*) Comp. Ideler, Handb. d. Chronologie, p. 100.
**) Dans le texte du Recueil (p. 22) appartenant à la planche XI qui nous occupe, j'ai traduit le passage „au cinquième jour épagomène" par „l'an 5 le 5ᵐᵉ jour épagomène." Je dois à Mʳ. de Rougé la rectification que la nouvelle traduction renferme. J'aurais dû traduire littéralement: „le 5ᵐᵉ jour des 5 jours complémentaires de l'an", pour être tout-à-fait exact.

9. Sans être trop pressé d'introduire, dans les textes égyptiens, des corrections de chiffres et de signes chonologiques, nous devons partager cependant l'avis de Mr. Rougé, qui, sans être guidé ni influencé par des raisons ayant rapport à la chronologie, mais seulement choqué par une inadvertance trop frappante du sculpteur égyptien, a remarqué qu'un nouvel examen de la date du 16 Thoth le fait penser que cette date doit être plutôt celle du 17, bien que le monument soit très-fruste en cet endroit. „Nous n'hésitons pas, dit-il, à restituer la date du 18 pour le second jour de la fête Ouak (Ūaga), au lieu de celle du 19, que porte le monument; car la date du 19 est attribuée plus bas à la fête de Thoth. On verra plus loin d'autres fautes bien évidentes du graveur égyptien." D'après le jugement porté par le savant académicien il faudrait donc supposer pour le jour de Ūaga le 18 Thoth, ce qui est incompatible avec l'indication de l'inscription de Siout: „le 16 Thoth „la nuit de la fête Ūaga." C'est plutôt le 17 Thoth qu'il faut reconnaître à l'endroit du 19 Thoth du calendrier de Ramsès III. Cette correction résultant du texte de Siout, est en plein accord avec le 16 Thoth, le Biramoun ou avant-jour du 17, désigné, dans le calendrier de Ramsès III, comme une sorte d'avant fête ou la veille de Ūaga.

D'autres exemples analogues ne manquent pas sur les monuments et elles se comprennent facilement d'après ce que nous venons d'exposer à nos lecteurs.

10. Mais si, pour ces dates-là, l'assertion de Pline que le jour compte a media nocte ad mediam, trouve sa parfaite application, ce n'est pas ainsi pour d'autres dates qui, à en juger d'après l'interprétation philologique, supposent tout un autre calcul. Nous allons les étudier.

Dans les tableaux astronomiques des tombeaux de Ramsès VI et de Ramsès IX découverts par Champollion et discutés dernièrement par Mr. Biot, il y a 24 colonnes datées, reportées sur les douze mois de l'année égyptienne par quinzaine, mais chose remarquable avec l'exclu ion des cinq jours épagomènes. Mr. Biot remarque là-dessus: „Parmi les 24 colonnes, qui composent le tableau restitué dans son entier, 12 ne sont datées que du seul nom d'un des mois; et les 12 autres, outre le nom du mois, portent pour date les quantièmes 16—15, le nombre 16 venant avant le nombre 15 dans l'ordre régulier de lecture des caractères. Mr. Biot, ne sachant de quelle façon expliquer „ce mystère d'écriture hiéroglyphique", a proposé l'interprétation suivante. „J'admettrai, dit-il, que, dans ce tableau consacré à l'indication de phénomènes nocturnes, l'énumération du temps procède par nuits, et non par jours civils. Alors la double date 16—15 marquera la 16e nuit, appartenant au 15e jour civil du mot désigné; et la date initiale, dépourvue de quantième, désignera la 1re nuit de la quinzaine précédente; nuit qui forme le passage du 30e jour civil du mois finissant, au 1er jour civil du mois commençant." *)

11. Comme toute la discussion porte sur l'interprétation philologique des inscriptions en question, et surtout sur la valeur du signe ⌣, représentant ailleurs le phonétique hu, nous commencerons par examiner quelques exemples de dates tirés des 24 colonnes du tableau astronomique.

Ainsi, que Mr. Biot l'affirme, les dates du tableau se rapportent au premier et au 16/15 de chaque mois. Après la date suit immédiatement le groupe ⟨hiero⟩ „commencement de la nuit", et après lui la série des douze heures de la nuit dans leur ordre successif. Ainsi, par exemple, la colonne du premier Pachon commence:

⟨hiero⟩ ... „Pachon, commencement de la nuit" ....

⟨hiero⟩ .... „Première heure" ....

⟨hiero⟩ .... „Deuxième heure" ....

etc.

12. Dans le tableau, publié dans les Denkmaeler III, 228, bis, 1 (comp. aussi Champollion, Monum. pl. 272, bis, No 1) il y a une petite différence de la notation portant sur l'addition d'un groupe bien précieux derrière la „première heure". On y lit:

⟨hiero⟩
Thoth | commencement | de la nuit | .... | heure | Ire | commencement | de | l'an.

Il en résulte que la première heure de la nuit du mois de Thoth y est regardée comme le commencement de l'année, contrairement à la tradition grecque et au sens de l'inscription du Ramesséum (voy. plus haut pag. 100), qui placent le lever de Sothis et le **commencement de l'an à la onzième heure** de la nuit, vers le matin.

Il faut en conclure que, dans les tableaux astronomiques de Biban-elmolouk, il y a une manière particulière, appelons-la sacrée, de fixer le commencement du jour, c'est-à-dire, d'accord avec l'assertion d'Isidore, au com-

---

*) Voy. Biot, Recherches de quelques dates absolues. Paris, 1853, p. 40 suiv.

mencement de la nuit qui précède le jour, et non pas à minuit. Il s'en suit tout naturellement que, selon la manière de commencer le jour, ou avec la première heure ou avec la 6ᵉ heure de la nuit précédente, la première heure de la nuit devait être datée moyennant deux jours, comme il est démontré par l'exemple qui suit, se rapportant à la première heure du 16 Thoth.

Calendrier civil	Heures	Calendrier sacré
		15 Thoth
	1ʳᵉ de la nuit	
	2ᵉ	
	3ᵉ	
	4ᵉ	
	5ᵉ	
15 Thoth	6ᵉ [minuit]	
	7ᵉ	
	8ᵉ	
	9ᵉ	
	10ᵉ	
	11ᵉ	
	12ᵉ	
	1ʳᵉ du jour	
	2ᵉ	
	3ᵉ	
	4ᵉ	
	5ᵉ	
	6ᵉ [midi]	
	7ᵉ	
	8ᵉ	
	9ᵉ	
	10ᵉ	
	11ᵉ	
	12ᵉ [commencement de la nuit]	16 Thoth
	1ʳᵉ de la nuit	
	2ᵉ	
	3ᵉ	
	4ᵉ	
	5ᵉ	
16 Thoth	6ᵉ [minuit]	

Le commencement de la nuit du 16 Thoth, selon la manière sacrée de compter le commencement du jour, correspondait donc au commencement de la nuit du 15 Thoth civ. Le 16 Thoth, selon la manière du calendrier civil ne commençait que six heures plus tard. A partir de là, c'est-à-dire de minuit jusqu'au coucher du soleil, les deux dates allaient nécessairement d'accord.

13. Le lecteur comprendra à présent la notation singulière pour le seizième jour des douze mois, exprimé dans le tableau astronomique par ○ ⋂ ||| ⋂ || „jour 16 ⎯ 15." Le signe ⎯ = ḥu, inconnu jusqu'à pré-

sent pour combinaison avec les quantièmes du mois, renferme donc une idée de réduction, qu'il faut poursuivre, si c'est possible, dans les textes égyptiens.

Il est bien remarquable que, dans les tableaux astronomiques de Biban-el-molouk, plusieurs dates sont illustrées par des additions particulières. Ainsi, par exemple, la date du 16/15 Thoth, est exprimée dans les tableaux de cette manière:

[hiéroglyphes]

Les deux légendes se lisent: „Thoth 16/15 de la panégyrie (⟨glyph⟩) au commen-„cement de la nuit." Au lieu de traduire ⟨glyph⟩ par: „de la" il serait aussi permis de donner la version „qui est", ce qui est exprimé également par le groupe pour ent. L'addition: „qui est la panégyrie" ou „une panégyrie" doit signifier quelque chose, et d'autant plus, qu'elle ne se trouve dans les deux tableaux qu'à la date du 16/15 Thoth. Nous croyons être à même de poursuivre ses traces et son origine sur les monuments. Comme dans cet exemple, ainsi que dans les autres dates du 16/15, le signe ⟨glyph⟩ est celui sur lequel repose toute la difficulté et, ce qui en résulte, toute l'importance de l'indication temporaire, il est bien remarquable qu'il se retrouve exactement au 16 et au 17 Thoth dans le calendrier de Ramsès III dans ces deux fêtes calendriques:

16 Thoth: [hiéroglyphes]

17 Thoth: [hiéroglyphes]

Ces dates appartiennent au jour ([glyph] haru) du 16 et à celui du 17 Thoth. Elles font mention de la fête Ūaga et en font dépendre, moyennant la préposition ⟨glyph⟩ n, une fête désignée par ⟨glyph⟩ qui incontestablement doit fournir à la science la clef pour expliquer la combinaison numérique [glyphes]. La fête de Ūaga, sans addition du groupe ⟨glyph⟩, se rencontre déjà dans les tombeaux de l'ancien empire comme fête funéraire. Mais par malheur nous ne savons rien sur sa nature. Le mot uga se retrouve, quoique très-rarement à ce qu'il paraît, dans le sens primitif d'un verbe et d'un participe-adjectif sous la forme: [glyphes]. Les trois vases ŎŎŎ font allusion à la signification festivale du mot, tandis que l'oiseau ⟨glyph⟩ annonce l'idée du mal joint à la racine uga. Le seul passage qui me paraît donner quelque lumière pour le sens du mot uga, se rencontre à la page 23 du papyrus hiératique Anastasi No. 5. On y dit de quelqu'un: „tu t'occupes de parler et d'écrire, tu n'es pas inactif, tu ne fêtes pas un jour en oisivité, uga er hā-u-k „étant uga dans (ou: de) tes membres. Il résulte du sens général de la phrase que le mot uga doit signifier quelque chose comme inactif, paresseux ou impuissant. En copte, il me semble, la racine antique s'est conservée sous la forme ϧοⲥ, ϧⲉⲥ, ϧⲱⲥ, etc. evellere, privare, fraudare, aberrare privatus, orbatus. L'expression uga er ḥā-u-ḳ signifierait donc „privé de tes membres". La panégyrie de ūaga serait de même celle de la privation ou de l'aberration, et ⟨hiero⟩ „la privation, ou l'aberration de ⟨hiero⟩." Quel peut être le sens de ⟨hiero⟩? Je l'ignore, mais je suis porté à croire que la valeur phonétique ḥu qui est attaché généralement au signe ⟨hiero⟩, ne suffit pas pour résoudre la question et j'y reconnais plutôt quelque autre rôle que notre caractère devait exprimer.

Je dois laisser à d'autres savants plus versés dans des matières astronomiques, le soin de suivre ces traces et d'étudier ce que peut signifier le caractère ⟨hiero⟩. Il y est caché, sans doute, une idée astronomique que je n'ose pas examiner sans craindre de me perdre sur un champ où mes forces me quittent. Seulement qu'il me soit permis de fixer encore une fois l'attention sur la date ⟨hiero⟩ qui se lirait: „jour 16, la fin du 15", c'est-à-dire: [tel mois, commencement de la nuit] du 16ᵉ jour sac. (correspondant) à la fin du 15ᵉ jour civ."

CONCLUSION.

1. Je termine ici la première partie de ce mémoire consacré à des recherches purement philologiques, pour déterminer le sens de plusieurs inscriptions de nature calendrique. La partie la plus essentielle de ce travail touche la question au sujet de la forme de l'année des anciens Égyptiens. Les résultats auxquels nous sommes parvenus jusqu'à présent, se réduisent aux conclusions suivantes:

1ᵉʳ. Les Égyptiens connaissaient plusieurs années dont un calendrier, d'époque romaine à Esneh, nous fait connaître les commencements de trois.

2ᵉ. La datation monumentale repose sur une année civile fixe dont le premier Thoth, jour du nouvel an, entre quarante jours après le lever de l'étoile Sirius et qui, au temps de l'empire romain en Égypte, fut appelée alexandrine.

3ᵉ. Auprès de cette année fixe réservée pour la notation des dates dans la vie civile, les Égyptiens connaissaient une année, dont le premier Thoth, jour du nouvel an, fut signalé par le lever de l'étoile Sirius.

4ᵉ. Les dates se rapportant à cette année, réservée pour l'usage sacré, sont exprimées moyennant des éponymies de mois et des éponymies spéciales. Combinées avec les dates de l'année fixe civile, ces éponymies servaient à régler la forme de l'année civile pour sa correspondance du 1ᵉʳ Thoth sac. avec le 26, le 27, le 28, le 29 ou le 30 Epiphi civ.

5ᵉ. Le nouvel an de l'année sacrée est signalé monumentalement par le groupe ⟨⟩, le nouvel an de l'année civil par le groupe ⟨⟩ exprimant dans un sens plus restreint, la première année d'une tétraetéris. Le commencement de cette époque est déterminé spécialement par le groupe ⟨⟩ „premier Sop".

2. La deuxième partie de ce mémoire s'occupera de l'examen des inscriptions qui nous donnent connaissance des commencements de plusieurs tétraetéris pour une certaine époque de l'histoire égyptienne. Nous appliquerons en même temps le système calendrique, développé dans ces recherches, aux calendriers et aux dates conservées sur les monuments, en les réduisant à l'année julienne et en démontrant l'exactitude de la réduction.

OBSERVATIONS GÉNÉRALES
SUR LES CALENDRIERS ÉGYPTIENS ADJOINTS À CE MÉMOIRE (VOY. PL. V—XIII) ET REPRODUITS D'APRÈS DES COPIES AUTOGRAPHES.

La deuxième partie de ce mémoire, où nous ferons l'application du système calendrique exposé dans les pages précédentes, contiendra une traduction complète des dates et des listes calendriques, qui jusqu'à présent sont venues à notre connaissance. Mais pour aider les savants qui, avant l'apparition de la deuxième partie de notre mémoire, veulent consulter ces calendriers, publiés en plus grande partie pour la première fois, nous allons adjoindre quelques remarques nécessaires pour la connaissance de leur origine et pour l'intelligence de quelques détails du sujet qu'ils embrassent.

1. CALENDRIER GÉOGRAPHIQUE D'EDFOU
[Pl. V et VI].

Nous devons la connaissance de ce tableau curieux à la bonté de notre ami Mr. Dumichen qui, en ce moment, traverse l'Égypte au profit de ses études archéologiques. D'après ce que ce Monsieur nous en a écrit, le temple d'Edfou renferme, parmi ses trésors épigraphiques mis au jour, grâce aux fouilles de M^r. Mariette, une liste très-complète des nômes de la haute et de la basse Égypte (époque ptolémaïque) et de leurs subdivisions, dont la valeur principale consiste dans l'addition des jours religieux fêtés annuellement dans chaque nôme.

Nous avons arrangé les dates précieuses de cette longue liste sous la forme d'un tableau. Les chiffres au-dessus des colonnes verticales désignent l'ordre successif des nômes. Les groupes pour les nômes, dans le régistre désigné de la lettre A, sont accompagnés des noms égyptiens de leurs capitales. L'importance de ces noms-là n'est pas médiocre, vu qu'une grande partie sert à déterminer la position des nômes. Le régistre B contient les jours de fête de chaque capitale, se rapportant à la divinité principale du nôme. La formule générale est, à peu d'exception près: ȧr-nef ḥeb-f ou ḥeb-s „il a célébré sa panégyrie." Le pronom: il se rapporte au Ptolémée dédicateur du monument; le pronom: sa au dieu ou à la déesse du nôme. Voici ces jours:

I. Pour les nômes de la haute Égypte.

1er nôme: „Il a célébré ses panégyries augustes en toutes choses concernant elles, le 20 Tybi et le 20 Payni."

2e nôme: „Il a célébré sa panégyrie glorieuse par son offrande le 13 Pharmuthi."

3e nôme: „Il a célébré sa (déesse) panégyrie, il a agrandi son sacrifice le 13 Pharmuthi."

4e nôme: „Il a agrandi ses panégyries à la fête d'Ȧp au Keḥik (voy. § 18, 5), au mois de Pachon et au mois de Payni."

5e nôme: „Il a célébré ses panégyries augustes en toute chose le $23 + x$ Choiak, le 7 Tybi, et le [ ] Payni."

6e nôme: „Il a célébré sa (déesse) panégyrie et il a agrandi son offrande le 1 Athyr."

7e—10e nôme [détruit].

11e nôme: „Il a célébré la panégyrie du dieu Chnoubis, fabricateur [des hommes] et des bêtes, le dernier Tybi."

12e nôme: „Il a célébré la panégyrie principale du dieu Ḥor-em-ḥak le 3 Phamenoth."

13e nôme: „[ ] le 20 Thoth (ou un des trois mois suivants de l'inondation)."

14e nôme: „Il a célébré sa (déesse) panégyrie le 27 Thoth (ou un des trois mois suivants)."

15ᵉ nôme: „[   ] le 19 Thoth."
16ᵉ nôme: „[   ] à tous les jours éponymes du 2ᵉ jour de mois."
17ᵉ nôme: „Il a célébré sa panégyrie le [jour?] de la naissance d'Horus le 21 Mechir."
18ᵉ nôme: „Il a célébré sa panégyrie le $4+x$ Thoth."
19ᵉ nôme: [détruit].
20ᵉ nôme: „Il a célébré sa bonne panégyrie de porter le nems le 1ᵉʳ Tybi."
21ᵉ nôme: „Il a célébré sa panégyrie le 22 Thoth."
22ᵉ nôme: „Il a célébré sa (déesse) panégyrie le [   ]."

II. Pour les nômes de la basse Égypte.

1ᵉʳ nôme: „Il a célébré ses panégyries augustes en toutes choses concernant elles, le 1ᵉʳ Tybi et le 1ᵉʳ Mechir."
2ᵉ nôme: „Il a célébré ses panégyries le 3 Phaophi et le 8 Payni."
3ᵉ nôme: „Il a célébré sa (déesse) panégyrie et il a agrandi son offrande le $2+x$ Phaophi."
4ᵉ nôme: „Il a célébré sa panégyrie glorieuse par son offrande le $21+x$ Mechir."
5ᵉ nôme: „Il a célébré à elle les très-grandes panégyries le 1ᵉʳ Phamenoth et le 1ᵉʳ Pharmuthi."
6ᵉ nôme: „Il a célébré sa panégyrie et la cérémonie de l'offrande le 20 Athyr."
7ᵉ nôme: „Il a célébré la panégyrie du salut de ce dieu (voy. pag. 72) le 1ᵉʳ Thoth."
8ᵉ nôme: „Il a célébré la grande panégyrie du grand dieu vivant le 23 Payni."
9ᵉ nôme: „Il a célébré la panégyrie d'Horus des nômes le 24 Thoth et le 27 Mesori."
10ᵉ nôme: „Il a célébré la panégyrie très-principale des membres du serpent āu(?) le 8 Thoth."
11ᵉ nôme: „[   ] le 18 Athyr."
12ᵉ nôme: „Il a célébré la grande panégyrie de ce dieu le 10 Mesori."
13ᵉ nôme: „Il a célébré les panégyries du ciel ... aux néoménies, aux 6, aux 7 et aux 15."
14ᵉ nôme: „Il a célébré la panégyrie (sa bonne panégyrie?) .... le 29 Thoth."
15ᵉ nôme: „Il a célébré sa bonne panégyrie le 4 Choiak et le 18 Phamenoth."
16ᵉ nôme: „Il a célébré sa panégyrie auguste par son offrande le 17 Phamenoth."

17ᵉ nôme: „Il a célébré sa panégyrie le 9 Thoth."

18ᵉ nôme: „Il a célébré ses (déesse) panégyries le 13 Phaophi, le 13 Pachon et le 18 Payni."

19ᵉ nôme: „Il a célébré sa bonne panégyrie le 13 Tybi."

20ᵉ nôme: „Il a célébré ses (déesse) panégyries selon son époque annuaire le 12 Payni jusqu'au 17"

II. CALENDRIER DE DENDERA.
JOURS DE FÊTES D'HATHOR ET D'HORUS
[Pl. VII et VIII].

Nous avons copié ce calendrier à Dendera où il est sculpté sur les deux côtés latéraux d'une porte, dans l'intérieur du grand temple. Les fêtes qui y sont indiquées, se rapportent à la déesse Hathor et au dieu Horus. Les cérémonies qu'on y accomplissait et dont le commencement est marqué très-souvent par l'heure du jour (signalée par son nombre ou par son éponymie*)), consistent principalement dans ce que les textes appellent ⌷ sā et ⌷ hotep. La première expression, que le texte grec du decret de Rosette rend par ἐξοδεία (sortie), désigne la cérémonie de la procession publique des images divines, le mot hotep indique la cérémonie où l'on faisait rentrer les divinités à leurs sanctuaires après les processions publiques. La rentrée avait lieu ordinairement vers le coucher du soleil, ce que le calendrier de Dendera indique par la phrase ⌷ χnem-áten „au coucher du disque solaire." Le calendrier d'Esneh (voy. plus bas) se sert de la variante ⌷ (p. ex. pl. XII, 10, vers le milieu) ou ⌷ (p. ex. l. col. 11).

III. CALENDRIER DE DENDERA.
LES JOURS DE DEUIL D'OSIRIS
[Pl. IX].

Ce texte précieux se rencontre sculpté sur une muraille d'un petit sanctuaire, construit sur la plateforme du grand temple de Dendera. Il appartient à l'inscription que nous avons publiée dans notre Recueil Pl. XV et XVI et qui se rapporte aux cérémonies à exécuter en l'honneur d'Osiris à Dendera.

Notre petite liste donne connaissance des jours de fêtes d'Osiris à Den-

---

*) C'est ainsi qu'on trouve col. 2, b — 5, a — 6, f l'heure appelée sti-àr; col. 3, c l'heure nen; col. 4 l'heure sešuaï; col. 6 l'heure māk-en-neb ... Ces noms-là se retrouvent dans les tableaux horaires des monuments. L'heure nen p. ex. y désigne la première heure du jour.

dera, surtout des sept jours de deuil qui commençaient le 24 Choiak et qui se terminaient par le dernier du même mois.

IV. CALENDRIER D'ESNEH

[Pl. X—XIII].

Pendant le séjour que nous fîmes à Esneh, nous primes une copie du fameux calendrier qui, en deux tableaux, occupe les faces latérales, partie du devant, dans l'intérieur du temple d'Esneh. C'est sur cette copie que se fonde notre publication. Nous avons pu la vérifier sur le dessin publié par Mr. Lepsius dans les „Denkmaeler" IV, pl. 78, a—b, en nous servant encore, pour la partie du texte reproduit sur les planches X et XI, des empreintes rapportées par Mr. Lepsius, que ce savant a bien voulu mettre à notre disposition. Les groupes du texte placés au-dessus d'une ligne horizontalement pointée, que nous ne pûmes pas copier faute d'échelles à Esneh, sont donnés sur la foi des empreintes et de la copie de Mr. Lepsius.

Berlin, imprimé chez Unger frères.

Notation des 12 mois et des 5 épagomènes de l'année égyptienne Pl. I.

Ordre des mois	1 hiérogl.	2 hiérat.	3 démotique				4	5 Divinités tutélaires
			a	b	c	d		
I								
II								
III								
IV								
V								
VI								
VII								
VIII								
IX								
X								
XI								
XII								

Les 5 jours épagomènes	démot.
I	
II	
III	
IV	
V	

Pl. II

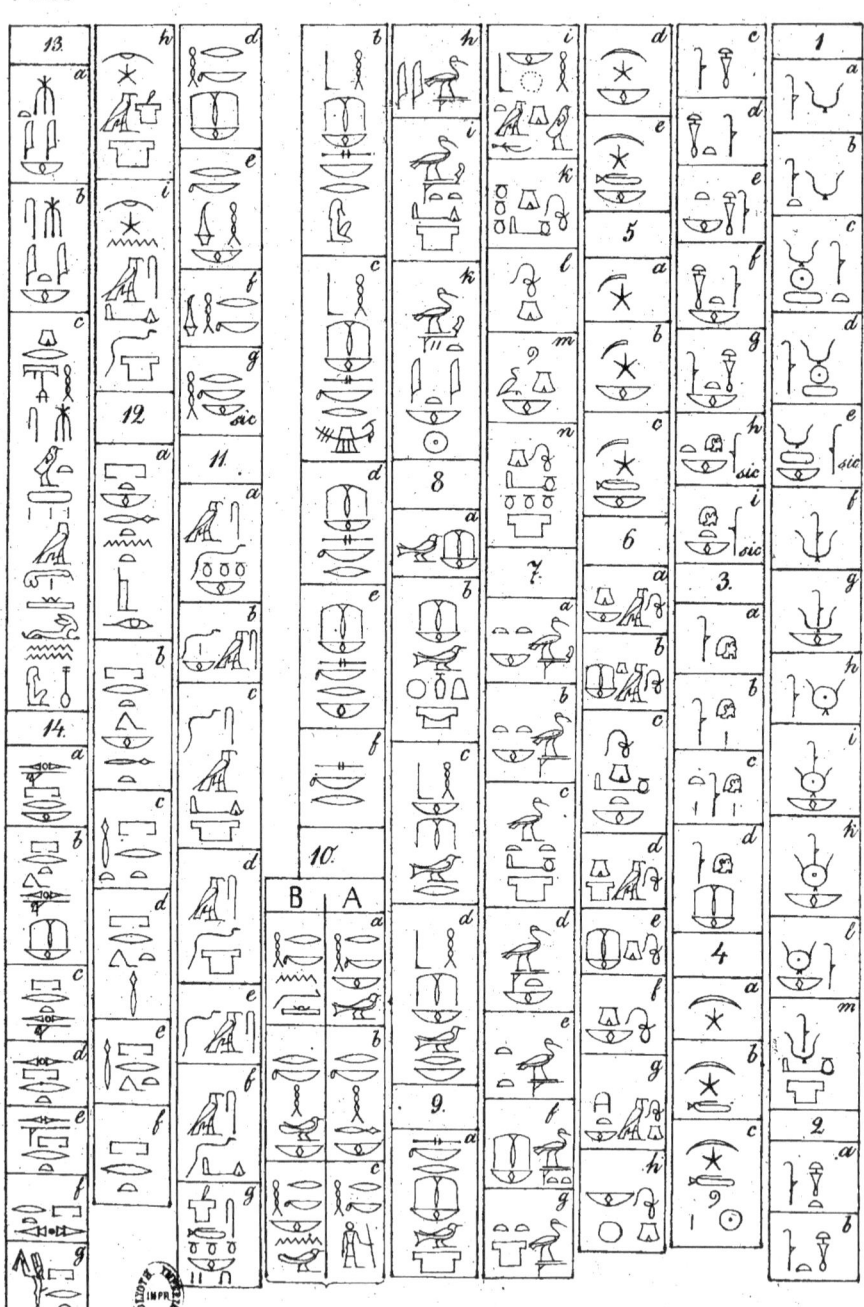

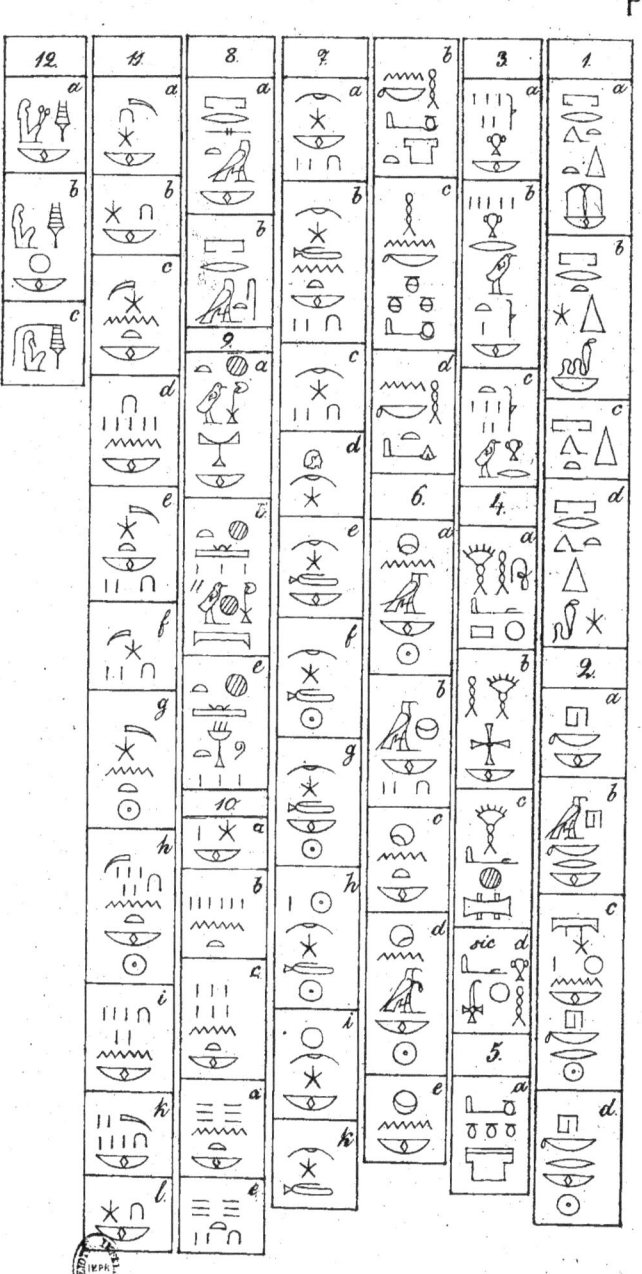

Pl. III.

Pl. IV.

Tableau des 30 jours éponymes du mois égyptien

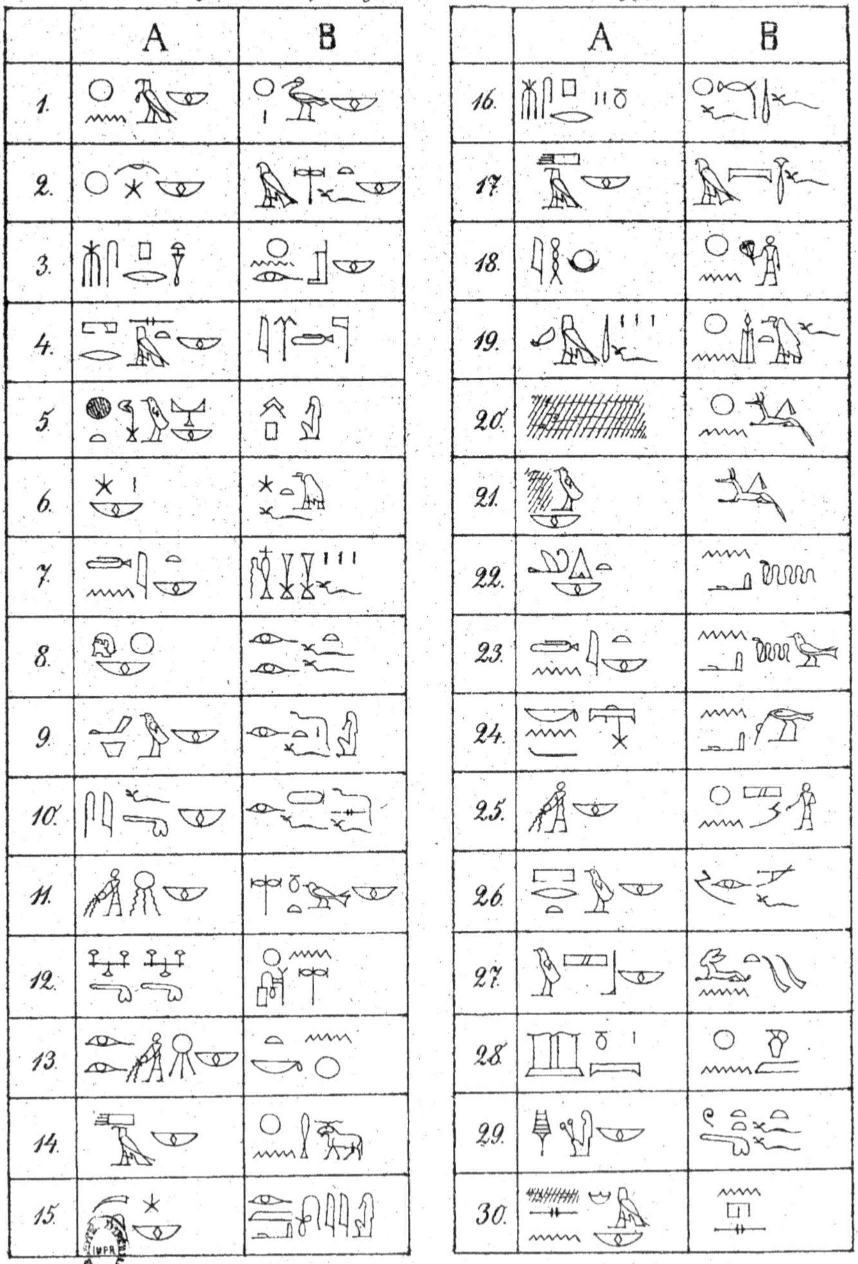

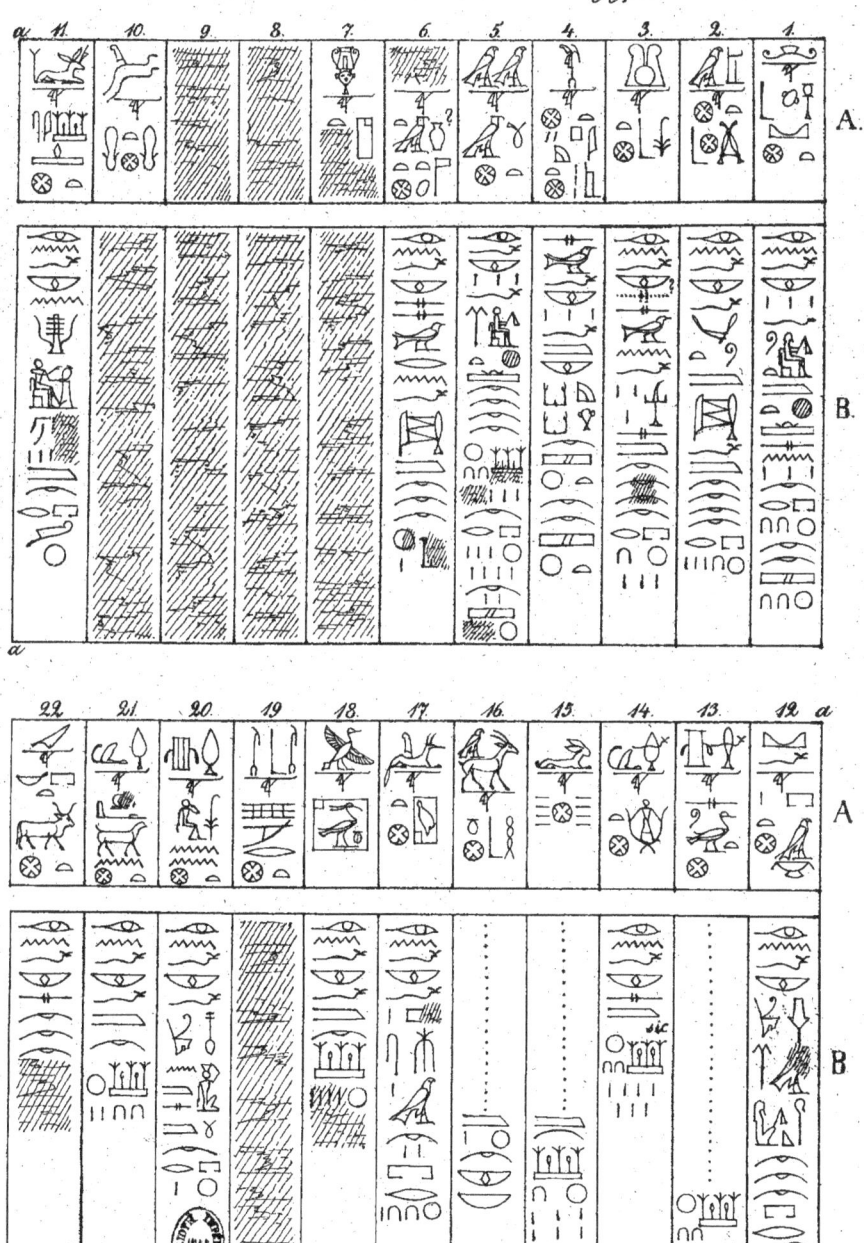

Calendrier géographique d'Edfou
I Nomes de la Haute Egypte.

Pl. V.

Pl. VI.

Calendrier géographique d'Edfou
II Nomes de la Basse Égypte.

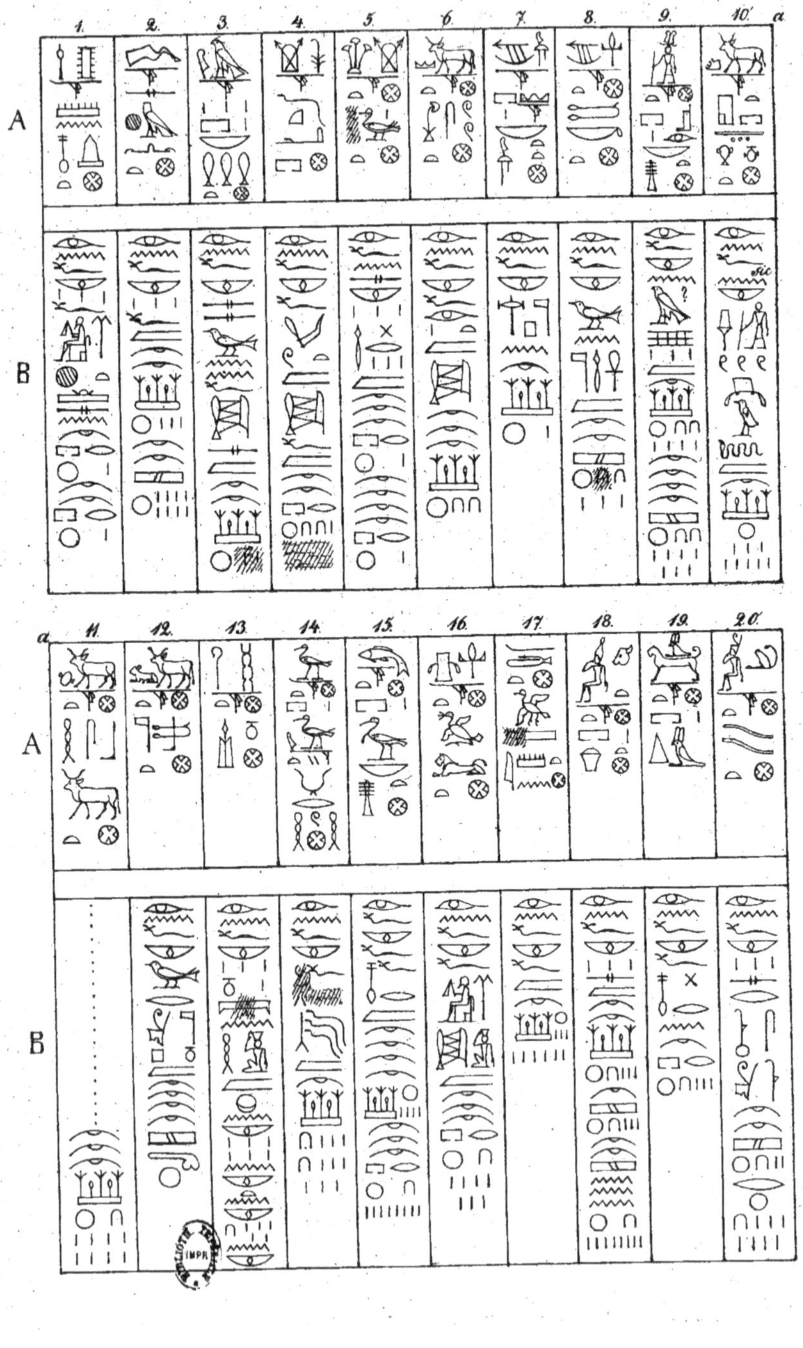

Calendrier de Dendera
Jours de fêtes d'Hathor et d'Horus.

Pl. VII.

Pl. VIII.

Calendrier de Dendera
Jours de fêtes d'Hathor et d'Horus.

Calendrier de Dendera
Les jours de deuil d'Osiris

Pl. IX.

Pl. X

Calendrier d'Esneh
[1er Thoth – 2 Choiak]

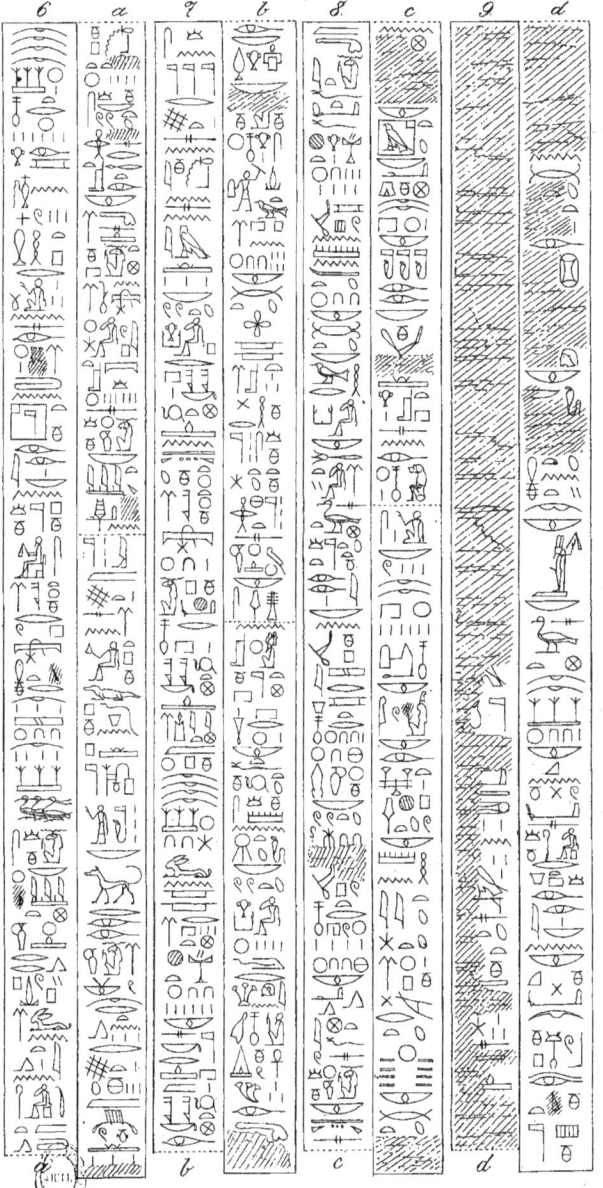

Calendrier d'Esneh
[6 Choiak - 8 Mechir.]

Pl. XI.

Pl. XII.

Calendrier d'Esneh
[1er Phamenoth – 9 Payni]

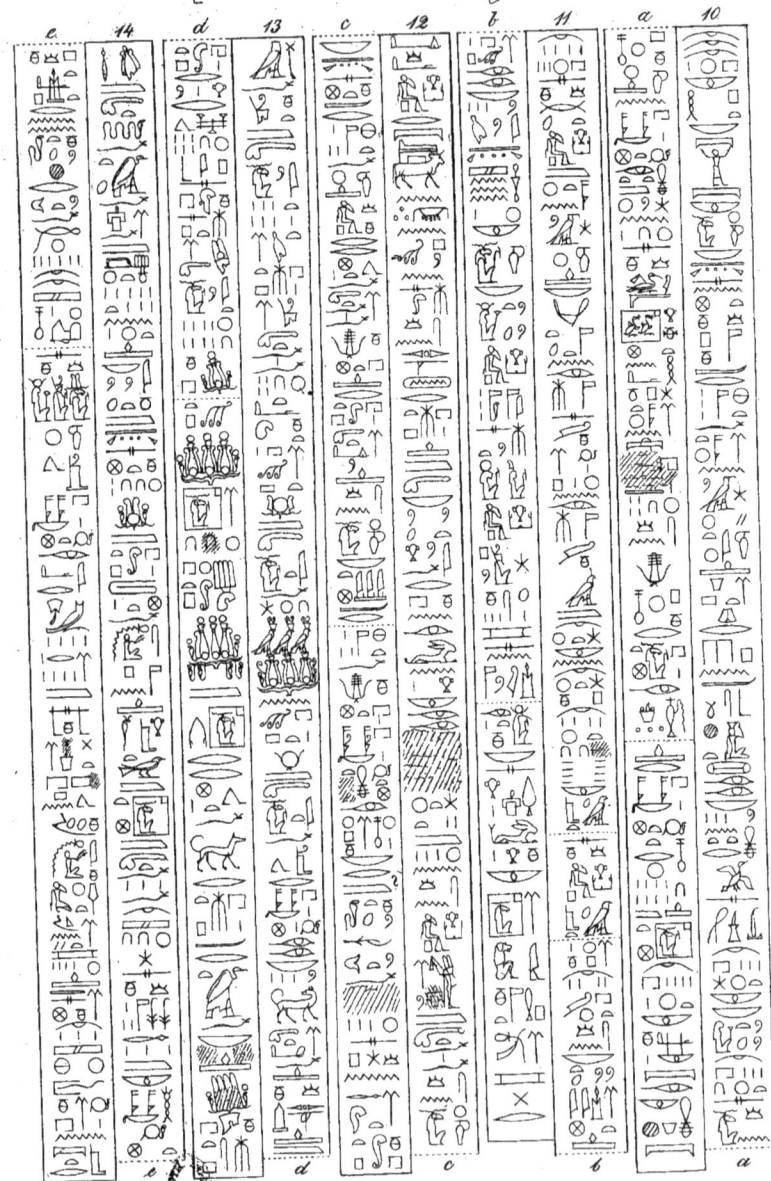

Calendrier d'Esneh
[10 Payni jusqu'à la fin de l'année]

Pl. XIII.

www.ingramcontent.com/pod-product-compliance
Lightning Source LLC
Chambersburg PA
CBHW060528090426
42735CB00011B/2418